職場這齣戲，演好自己就夠了？

那些惱人的，
終將是襯托你的背後景深，
如何從庸碌攀比中開脫，
做個懂賺錢的自由人？

張力中
中國德朧集團Ruby Hotels
亞太區品牌主理人

方舟文化

自序

職場這齣戲，演好自己就夠了嗎？

繼前作《孤獨力》之後，暌違將近三年，終於又帶著新作，與各位讀者見面。在這期間，除了偶爾在社群平臺上發佈零星消息，間歇性現蹤之外，我讓自身遠離了社交媒體，不再執著於社交關係的弱連結；又因長年在中國工作與生活的關係，那些善意的關心與臆測，雖充滿感謝，卻也不再照單攝取。

更多時候，不再為了「服務」社交平臺而蓄意積極展現自我，也不再為了滿足大眾被「窺視」的欲望而去取悅他人，現階段以一種近乎匿跡的姿態存在著，也將更多關注放回自己身上。

總覺得疫後三年，生活產生了某種無以名狀的結構性與品質性變化，片面地改變了原本我們自以為熟悉的生命軌跡，間接地影響了對生活周遭與事物的觀察與看法，有些根深蒂固的成見與所謂的常模，似乎逐漸在瓦解與改變，無論你要或不要，一下子都照進現實。

如此，也為我帶來了一些新的人生體悟。在這之間，更渴望明確地意識、關照與體察自身，真正很本質面的需求，期望在每一次的領受、行動或是探索，都圍繞著自己，都像是對自己的一場回歸，無論是職場或是生活。

在新作《職場這齣戲，演好自己就夠了？》中，我嘗試透過一些視角，來詮釋職場中不同面向，並梳理出一些要訣。此前的專欄連載時，也獲致了許多讀者的熱烈迴響與感同身受。

職場多年，我觀察到身邊許多相對成功的職業經理人，除了擁有對工作的專注與熱情之外，其共通之處，就是「不浪費時間自證」。這句話乍聽之下有點違和：他們努力地工作並自我實現，不就是某種程度自證的體現嗎？然而，我所謂的自證，不是「自我證明」，而是不「向他人自證」。

「不向他人自證」的意義在於：全然明白自己，掌握自己。自證想說的是：職場從不需自證。對於外在再多的毀譽，從不自證，也無需自證，所有窮盡力氣對他人的自證，最終都只是淪落為徒勞與卑微的討好。那些你真正毫不在意的，終究根本不值一提，在你前往目標奔赴的過程中，也沒這麼多時間去糾結，或是左顧右盼。自證是自我貶抑的某種產出，職場中要做的從來不是去自證，當你真正達到某種成功的理想狀態，所有他證都會不請自來，為你自證。

現在起，就把你那些讓渡出去的注意力，從與個人目標無關的瑣事中解放出來。這也是新作《職場這齣戲，演好自己就夠了？》想帶給大家的衷訴與真正意義。

同時也謝謝方舟文化與我的編輯雋昀，與我一起將這本書，帶來到你們的面前。

職場這齣戲，演好自己就夠了嗎？

正是。

目錄

PART 2

不落情緒陷阱，守護本心的人際兵法 065

PART 3

看輕挫折，為低谷反彈做足準備 109

PART 4

甩開自疑與徬徨，熟年更放光芒 161

劇透警告

WARNING

本書各篇章提及的影視劇作，

皆含有劇情內容之描述。

若在觀影前閱讀，

可能影響您看電影時的樂趣或興致，

敬請斟酌。

PART 1

從信念出發，
向你人生的最好版本啟程

Amateur
Babe
Molly's Game
騙し絵の牙

職場新手包

初入職場，一臉迷茫。

不知究竟是你選擇志業，還是職業抓捕了你？

然而，沒有任何一個職場，是為你恭候準備的，想要看到什麼風景，只有自己為自己創造。

請來職場新手村，領取思想指南與初階硬裝備，

即刻撕去職場小白標籤，朝自由人的未來昂首邁步。

誰不是素人出身？但你可以不必那麼業餘

《素人運動員》（*Amateur*, 2018）

「規定說我沒有上場資格……可是我要說，去他的規定！我們不能在這裡打球，但我們可以在外面打！」

「身在職場，卻不知身在何處」，這是我觀察某些年輕職場人時而可見的「陷況」。自己確實存在，但不知為何存在；雖看似將人生積極交付、參與職場運作，但卻呈現一種「知其然，而不知其所以然」的日復一日。許多人總是用一句：「我無力改變，我身不由己！」把消極合理化為歸因。**職場對這樣的人而言，總是流量而非存量，於是隨著年歲增長一再被消耗。**

在以「業餘選手」身分加入職場的你，來到賽道上的起跑線，準備跑起來之前，有些心理準備得先建立起來。進入職場後，你要試著為自己所錨定的職場發展需求做準備，以你的意志為出發，潛移默化、不偏食地廣納有形與無形資源，並且有意識與方向性地行使。姑且不論這些資源是否都派得上用場，當前你需要的是全局思維的建立。

有了全局思維之後，**「侷限性的自我洞察」**是首要的重中之重。簡言之，就是首先明確理解自身短處，並持續覺察觸發機會缺口；努力避開短處，讓自身的長處與該機會缺口匹配，然後，與機會橋接，並開始釋放能量。

「你如何去理解職場，職場就會成為你想像中的樣貌，而你對職場積累的諸多認知，終將內化成為你的競爭力」。這段話乍聽下有些不著邊際，但這確實是所有高等職業經理人，祕而不宣的長年修煉。

這篇文章，我想寫給年輕的職場新鮮人，因為關於你們對於職場的一切，才正要開始。對環境變數積攢越多認知，越能將你送上思想高地，這一切與資深或資淺都無關，關鍵是讓自己超越想像與限制，並且及早開始。**困住一個人的，從來不是階級，而是思維、觀念與覺悟。**

《素人運動員》是關於一個年輕的業餘黑人籃球選手，在全局思維之下，突破了自我的侷限性，並在匱乏之中，帶著些許冒險，最後為自己開創了新局的故事。

出生於貧困家庭的十六歲黑人男孩泰隆，有著天生的數字閱讀障礙，雖在學業上無法取得成就，但卻對籃球充滿天分，在前運動員父親的引導與訓練之下，他以超齡之姿加入了地方籃球聯盟。做為一個毫無經驗的小白球員，過程中少不了被年長球員欺負嘲諷，或霸凌泰隆為其背球袋當球僮，但泰隆不以為意，只是專注地反覆鑽研打球技術。而後他在教練指導下，開始顯現運動天賦，球技逐漸趕超隊內其他較年長的球員，嶄露頭角。泰隆最終給自己的目標是加入NBA，他以其為職志。

泰隆原以為可以利用體育成績加分，申請到理想的大學完成學業，然後加入NBA，往追逐他的籃球夢一路徜徉而去。但正當一切看似順風順水之際，泰隆才發現：教練竟然利用他的無知，暗中做為商業品牌球隊交易的工具，進而從中牟利。不甘被騙的泰隆，獲悉後一時惱火，憤而將這段醜聞公諸於世，教練因而丟了工作，泰隆也不再能為原本的球隊效力，黯然離開。所有事態完全不再如原訂計劃發展，期待化成泡影，嘎然而止。

以為劇情走到了玉石俱焚，然而峰迴路轉，泰隆念想一轉，決定放棄升學，再度主動與之前出賣的教練聯繫，並邀請教練成為經紀人，協助他專心往商業球隊布局發展。在意外之下，兩人不計前嫌，更以新的姿態與關係重啟合作。因為商業合作所帶來的財富，泰隆得以扭轉家中經濟情況。泰隆的自我布局，柳暗花明，開出了意料不到、格局更大的新局。

職場中獲得的成功，總不會像史詩中的那般波瀾壯闊，而是得透過自身的運作維護，一步一步以全局思維，洞察侷限性的自我，獲得充分理解後，透過軌跡，捕捉開創性契機，全力發動價值。

也許你會好奇：這樣一個稍嫌平淡的勵志故事，這樣一個資淺的業餘選手，泰隆真正做出了什麼價值？

不問如何開始，只問能去往何方

做為職場新鮮人，是否必須總是表現出一臉茫然，才能「不負」這稱號？關於這個問題的答案，我們留在第二部分來探討；首先我想談談「心態」問題。主角泰隆是有「膽識」的，即便自己是出身低下的小白，雖對人生前景仍有困惑，但他從不用那些沒有答案的大哉問困擾自己，他只知道他要把握機會。

當機會出現時，你不用管那是如何開始的；也不用管這個機會是從哪裡來的；更無須懷疑自己是否能勝任。唯一要做的，就是在不確定的時候，在還沒準備好之前，正面接受所有迎面而來的機會，不拒絕任何可能的機會，先讓路走起來再說。泰隆超齡地加入了地方球隊聯盟，聽起來好像很勇敢，但試問又有何不可？規矩是人立的，不去挑戰或探索體制的「漏洞」，你永遠不知道會有什麼契機發生。**當一無所有時，膽量從來是量販的，僅需單刀直入，對自己提現。**

再來回頭談談關於「職場新鮮人」的標籤吧——老實說，這早已是不合時宜的偽命題。過去由於網路的不發達，職場新鮮人們對於企業或職場運作的理解過於封閉，所以多數需要時間效果，在親身經歷、探索、時間醞釀之後才能探悉一二。然而，如今網絡與社群訊息發達，在如此資訊高度對稱化的情況之下，職場運作模式早已不具備絕對價值。你越是提早大量探索與累積，越能減少臨場摸索而節省下時間，讓你更高機率且快速地找到機會，專注於目標。

於是，早晚要進入狀況的，為何不直接省略傻白甜*階段，一開始就讓狀態步上軌道？就算狀態看來還是生澀，就算姿態仍舊可笑拙劣，但自身表現出來的態度，始終將決定別人如何看你。是謂：要撕下職場新鮮人標籤的最好辦法，就是永遠不要貼上。

真誠面對自己，努力不需解釋

泰隆以超齡之姿加入球隊聯盟，伴隨而來的霸凌、質疑或嘲笑，不消說，都是必然的。在這裡想表述的，並非要你用一種宿命論的方式去接受它，反而就把它理解成某種常態或必然，而非針對你而來。這不是超自然現象，只是一種普世現象，所以不需意外。它曾經發生在過去或曾經的歷史之中，只不過當下剛好發生你這個載體身上，未來，它也將以某種姿態或形式，在世界的某處發生。可能又是你，或可能是某個不認識的人。

你絕非是為了這些狗屁倒灶的事情而存在的，只需要讓它們發生、然後過去，而你將獲得歷練。把心思專注在你眼前所設定的目標，同時記得，在專注實踐目標的過程中，永遠不需去向任何人解釋你的來歷與決定。

＊編註：大陸網路用語，此處用以形容傻氣、無知的職場新鮮人模樣。

你也不必透過時間向別人證明，因為別人的評議，具體來說，終究與你的人生無關。不聽他人評議，絕非剛愎自用，而是將更多的心力與關注放在自己身上，真正地去掌握與理解自身，真實地，毫無欺瞞地。身在職場，最大的資源與價值，就是對自我價值的提煉與絕對認知。

接受爭議，理解爭議，與爭議共存

職場新鮮人常有種錯覺：那些職場成功人士看起來都好似完美無瑕，一路走來光鮮清白，人人稱道；於是，一腳錯站道德高標準，以其借鏡來做為對自身在職場中的自我期許。這也不是誤判，只是對本質的理解不夠透徹。

故事中一路而來泰隆被資深球員奚落、受人非議、被教練利用，最終，故事依循一種劍走偏鋒、非傳統的勵志性結局收尾。看來皆大歡喜，但卻又有些不太對勁的僥倖意味。

與其追求點對點的絕對價值，不如去思考付出努力過程中的軌跡，最終所造就的相對意義。在這裡我想說：夢想與現實永遠不矛盾、不悖離。不是先立下夢想才從現實中實踐；而是**在現實中前進，你的每一個步履與意志，會引導到實現屬於你獨一無二的夢想**。

如果說：進入NBA是泰隆究極渴望實現的目標，然而後來他並沒有如願進入NBA，反而以另一種形式讓他可以繼續所喜歡的籃球運動，並且名利雙收。從初衷開始，最後沒有走到一開始預期的目標，難道就不是理想結局？或是因為他巧妙地運用了一些衝突或矛盾達到自己的目的，還看似沒有道德底線地與曾經有過衝突、互相攻擊的教練攜手合作，我們就必須即刻站在高道德標準上批判他嗎？

職場道德的存在，不是用來無限上綱的，它只是某種準則或邊際，通常不是非黑即白，反而是灰色地帶，我們不斷嘗試在向陽的光譜中游走與站位，直到能完全站在陽光普照的大地之上，古今中外成功人士皆然。

那些令人感到在意或困擾的毀譽，與其試圖梳理，還不如不要介意，讓它成為你身上的某種標籤。當你不被這些標籤困擾時，你已經在往夢想路上前進出發，並且走得很遠很遠。

關於一個業餘選手的故事所帶來的寓意，我想表達的只是：職場的強烈主觀性，亙古以來即明確存在，職場新鮮人們實在不需再以刻板規則對自我強加設限。相反地，必須在尚未陷入職場認知的刻板印象建立之前，更快從中找出思想蹊徑，在意識上，視限制於無物，建立超越職場體制的自我認知。

所謂的認知，透過對職場環境觀察並內化的客觀憑據，而不是出於主觀的臆測或揣想。透過你來自各方認知的梳理，聚攏而來到你面前的訊息，都將有助於你掌握局勢，做出相對正確的判斷——這與年紀無關，更與資歷無涉。

在認知上下功夫，去拿捏職場與自身的關係，在越年輕時越早開啟認知，你離「理想的自己」就越近。別人看到的職場，只聽得見風聲，眼前卻是一片撲朔；而你卻像是戴上夜視鏡般，就算身處黑暗，所見即是熠熠閃爍的目標。能如此看到別人所看不到的，對你而言，都是一種機會。

職場是人為所構築的；同樣地，若要有所一番作為，事在人為。當機會來臨時，你能否讓自己觸手可及？

職場PUNCH LINE

當一無所有時，
膽量從來是量販的，
僅需單刀直入，
對自己提現。

在職場裡，當一隻有靈性的小豬

《我不笨，所以我有話要說》（*Babe*, 1995）

壞心的家貓，貌似好心地跟寶貝豬說：「豬在農莊裡，生來，就是要被宰來吃的喔。」寶貝不寒而慄，首次感到了生存危機。

《我不笨，所以我有話要說》的主角、名為「寶貝」的小豬，自小被飼養在鄉間農莊裡。農莊中所有的動物都有一技之長：公雞擔任司晨、可愛貓咪負責看家、乳牛提供新鮮牛奶、羊能貢獻身上的羊毛，士農工商，生活歡樂無憂。然而，只有寶貝長大之後，要丟了性命、被做成香煎培根。

當牠驚覺「豬就是要用來吃的」這個殘酷事實後，寶貝的日子過得有點憂鬱又孤獨，但牠沒放任自己被命運收拾，決定積極改變、展開一連串「求生」過程。牠異想天開地拓展新的技能：開始學習如何「牧羊」。牧羊這類工作，通常是由牧羊犬擔任的。「你一隻小豬還妄想牧羊？」過程中寶貝受盡挫折、凌辱嘲笑，但牠從未氣餒，只是心無旁騖，一本初衷。最後，寶貝在牧羊比賽中，脫穎而出獲得冠軍，不只成功續命，還成為傳奇的牧羊小豬。

這部電影基調看似歡快勵志，背後卻蘊含著深刻寓意：試著想像一下，職場也像是一個小型的農莊，裡面什麼動物都有，大家以一種不言自明的生態關係運作。平時看著相安無事，一旦到了存亡時刻，那些毫無專業、「阮囊羞澀」的人，一定首先被盯上獻祭；而日子過得安然的人，都是因為具備獨有的技能，難以替代。電影裡鼓勵小豬轉型的溫情，在職場中其實泰半不會實現，真別妄想有人會伸出援手，而我們也不該把職場生存權寄託在別人手上。

回想起當年，剛進到承億文旅任職時，沒多久後，我就覺得：自己就像是那隻小豬。當年正在發展中的承億文旅，充滿混亂與不確定性，各部門都在組建團隊，有人進來、有人離開，就像大風吹一樣。就定位的人一副若無其事，還沒找到自己定位的就繼續焦躁，每一天都是新動盪，從沒有人能為你承諾任何明天。那種不安感，真令人無助與沮喪，有段時間，我每天都有「這份工作幹不下去了，我要認輸了，我要登出了」的絕望。

然而，當年我並未因此很快氣餒，只有殫精竭慮、徹頭徹尾地去想：「到底價值在哪裡？」於是念頭一轉，竟很快意識到：**不確定性，才代表許多可能性。混亂才是機會之所在，很多時候，你得自己找活路。**那一瞬間，我像是「覺悟」了一般。

於是，當年便決定先放下自己的行銷策劃專長，依照公司需要，一頭栽入根本不懂的土地開發，一路跟著當時的老闆戴先生學習，在各種惡罵的澆灌中茁壯成長，每一天，都過得既痛苦又充實無比。搞不懂？沒有別的，就耐著性子，靜下心來，一件一件，努力搞懂。

經歷過痛苦之後內化而成的技能，對照著當時的那些焦灼與折磨，現在看來，都如此地輕盈又輕鬆。原本只專注於品牌行銷策劃領域的我，意外地學習到另一項專業技能。雖稱不上專精，但終究是對旅店品牌開業籌備前期這件事，多了更深刻通盤的認知。這項技能，從臺灣帶到北京，我仍持續使用著它。從原本設計旅店的規劃籌備，進階到小鎮全局的規劃籌備，依然受用無比，也益發洗練精進。

我後來深刻體認：**沒有任何一個職場，是為你恭候準備的，有時候你想要看到什麼風景，只有自己為自己創造。**最終，你將能超越自己原有格局，創造出比原本期待更多的職場價值，這一切都是歸因於你積極的能動性，主動伸手掌握了自身職場走向。

「職場生存法則」這件事，有時是機遇、有時是天賦，但不變的是：你必須自己找到續命破口，誰也無法代勞。在「專業本位」求得自身定位，無論是長期發展或是短期戰略，都是必須時刻思考的。

你可能會想，不就是做好自己的工作，哪還需要爭取一個「定位」？但在臺灣，尤其是在中小企業或是急速擴張的新創公司，相對管理制度不健全，得靠你自己找到所處的職場缺口（未被滿足的專業需求），盡快定錨、發揮，才容易搏出位。

寶貝正是認清事實，有所覺悟，做了以下四個嘗試才找到職場續命之道。

釐清自身目標後，心無旁騖地努力

寶貝不聽讒言，不耽溺消極，也不四處小團體取暖，只是心無旁騖地累積新技能，為自己做了很好的選擇。

職場的本質是孤獨的，唯有自己能拯救自己。透過自我覺察帶來的努力與改變，是扭轉寶貝職場生命的轉捩點。

對照職場，很多人熱衷於茶水間文化，結果自己該有的主觀思想與意志，都被這些閒聊對話拉扯撕裂。一旦沉浸在這種毫無幫助的溫情之中，自己的命運也成了他人嘴上的茶餘飯後話題，毫無意義，我們都應絕對避免如此淪落。

不違背自己天性、不設限、適性而為

在學習如何牧羊的過程中，寶貝被教導依循傳統牧羊模式，只要毫不客氣地大罵髒話，羊隻就會乖乖就範。但寶貝是隻溫馴禮貌的小豬，這麼做違背了牠的天性，始終做得彆扭。後來，羊群告訴寶貝：「不用這麼凶地當一隻壞小豬，你只要禮貌地給我們指示，我們就會照做。」

於是，寶貝打破傳統的牧羊陋習，適性而為，禮貌地請羊隻聽從指示，此舉果然奏效。**職場中，最忌做一個連自己也不認識的專業經理人。**工作行事中，時而保持自己的主觀判斷，順著自身心性與脈絡，適性而為，忠於工作，必要時展現本性，才是至上長遠之路。

沉浸在工作的學習歷程，不拒絕新發展

寶貝在學習當一隻牧羊小豬的過程中，為了領導統御羊群，意外習得了一段專屬於羊的咒語，讓牠得以與競技場上的陌生羊隻溝通。陌生羊隻在驚訝之餘，亦乖乖地聽從寶貝指揮，最終令牠獲得冠軍。這是原本身為一隻小豬的寶貝，從來不可能獲知的行業祕密，但寶貝走出了自身格局——成為懂得羊咒語的一隻小豬，不能說絕後，也算得上空前了。

人們在職場中習慣定向、線性發展的態勢，然而，你永遠不知道自己會經歷什麼，學習到什麼，或成長了什麼。有些看似沒用的經歷，只要盡情吸收，持續為自己打底，在漫長職業生涯的某個關鍵時刻，一定會派得上用場。

無懼失去，活出自己想不到的另一種版本

在經歷了一切之後，寶貝讓自己成為了一隻會牧羊的小豬，而不是原本應該成為的香煎培根小豬。重點是：寶貝仍是一隻小豬。他找出自己「能成為的那種樣子」，從未好高騖遠，只管努力往成為「理想的自己」移靠。終究，活出了另一種「豬生」的精彩版本。

在職場中，我們有時候會迷失於望向他人光鮮的樣貌或成就，無論是羨慕或是與自身比較。其實，這些類比都是毫無根據與意義的。把注意力放在自己身上，持續為自己造路，順勢而為，勇敢地為自己開創生機與際遇，即是不二法門。

成為一隻有靈性的小豬，原來，是一種最高境界啊！

職場PUNCH LINE

不確定性，
代表了許多可能性——
混亂才是機會之所在，
很多時候，
你得自己找活路鑽出去。

成為想成為的人，做自己的英雄

《決勝女王》（*Molly's Game*, 2017）

「我沒有任何英雄，如果我達到了自己為自己設定的目標，成為了我想成為的人，那麼我就是我的英雄。」

剛出社會時，對於職場總有許多不著邊際的憧憬。面對新鮮而巍巍龐然的未知，讓人就算還有些蒼白與膽怯，依舊渾身充滿幹勁。在這之間，我們一脈正能量，全心全意地擁抱職場。然而一段時間後卻發現：職場似乎卻沒有用相同的心情來回報你，反而像一場試題答卷般，始終答非所問。一路而來，眼看著別人順風順水，但職場裡所有發生的不幸，卻似乎都與自己有關。努力到底，始終圈外，於是我們開始怪罪自己的出身、怪罪社會不公。銳意進取的下場，換來的是磕磕絆絆、諸事不順——到底是哪個環節出了問題？

坦言之，我從沒真正信仰過「職場正能量」這件事，然而，我也沒有反社會人格，我只清楚一件事：職場從來無法被真正定義。那些對職場有奇怪憧憬的人，有沒有可能是根本性地對職場的理解不太對？又或者那些所謂光鮮勵志的職場故事，從來都是如海市蜃樓般的泡影，人人聽說過，但從沒見到過。更也許：**烏托邦式的職場，從未事實存在**。

你覺得你總是很積極又努力，理應受到眷顧而仕途順遂。遺憾的，是這兩者之間從未存在過正相關。職場從不以正義做為注解而存在，但不談正義，不代表就必須選擇不正義的一方。正如我一再強調：職場從來不是以一種二元對立的二分法所存續，最終結果，皆都源於自己的選擇與行使，**終點從來不是答案，過程中的追求即是真義**。切記，以終為始，從你自身所做出的抉擇出發。身在職場，以你為名所存在的本身，就是一種毫無可比性的唯一答案。

長期閱讀我專欄的讀者們，會發現我經常鼓吹職業經理人在「思想的灰色地帶」游走，有人質疑我這樣，似乎不是一種正道或者說投機，但其實我想說的是：在更多不確定性之間，才能爭取訊息不對稱中的啟發與更多可能性，如同調校，分毫之間，直至與真實的職場同頻共振。職場關係是一種往復的試探，我們在光譜之中探求自身利益最大化的程度。最後，職場長什麼樣子，你身處何處，從哪裡開始，再也不是重點；重點僅有當下的你，何以存在，身在哪裡，以及要往哪去。

本篇要談的不是一個真正意義上的勵志故事，它講述處於灰色定義的職場，寫實地擘畫了一個在高風險中追求超額利潤的人，這個始於野心，忠於自我，而後幡然醒悟自贖的旅程，來自一段真人實事改編。

前國家級滑雪選手茉莉，從小被教練父親極其嚴格地訓練並參與各種賽事，在父親嚴厲的教育之下，茉莉內心始終藏有其叛逆性格，對許多事帶有不合理的憤怒，部分或許來自於對父親的嚴格訓練的不認可。不幸地，在某場賽事中，茉莉遭受到嚴重的意外傷害，迫使她不得不放棄國手之路。而後，更在一次父親與母親的激烈爭吵中，得知父親的不忠出軌，在身心遭受衝擊之下，茉莉決定離開原生家庭，來到洛杉磯開始自己的全新生活。茉莉在一個夜總會擔任酒促小姐，進而認識了一位經營投資公司的酒客狄恩，狄恩見識到茉莉酒促的銷售功力，於是邀請她成為其投資公司的行政助理。實際上，狄恩除了投資公司之外，同時也經營著德州撲克賭局。在狄恩的安排之下，茉莉的職業生涯畫風，就這樣踏入了具有道德爭議的場景。

茉莉在過程中，學習了牌局的相關知識與專有名詞，並透過自身的觀察與理解，將牌局中所有服務細節都運營得舒適，更將牌局帳務管理得十分妥貼；他們的賭客不乏政商名流、創業家、運動員與富豪等等，狄恩交付茉莉掌握所有賭客個人訊息。

隨著牌局的名氣與經營規模越來越大，茉莉獲得了豐厚的小費收入。然而，起初提拔茱莉的狄恩，開始展現生性多疑的一面，最終利用其職務的權力關係，蓄意拒絕支付茱莉白天行政工作的薪資，只願意以賭局的高額小費做為茱莉工作的酬勞，最終更歇斯底里地，在深夜的一通電話裡，一陣嘲諷奚落之後，直接將茱莉開除。

儘管如此，茱莉也早有盤算，她運用過程中習得的知識與人脈資源，另起爐灶，就這樣自行開設了牌局。與狄恩不同的是：雖同樣是在灰色產業盈利，然而茱莉有著自我的道德底線，堅決不利用美色與賭客產生關係，也維護著賭客隱私與名聲，更為賭客設下停損，不令其傾家蕩產，堅持「應得」的利益。賭局越做越大，茱莉也收到了可觀的超額小費利潤，高級公寓、豪車、珠寶，都如浪潮般向她湧來。

雖盜亦有道，但隨牌局規模與風險越發擴大，在槓桿操作過度的情況下，事態終往失控發展，她踩了紅線，終不可逆地觸犯了美國刑法。於後更因牽涉利益過於龐大，引發黑道覬覦，茱莉慘遭要脅暴打，甚至在結束賭局兩年後，仍被美國聯邦調查局盯上。最終她因為經營非法賭博業務吃上官司，資產凍結，某種意義上的「淨身出戶」。

你說：像這樣一個負面教材，對於職業生涯的發展，究竟有什麼可學習與借鑑之處？所有故事或職涯發展的軌跡，從來不能從結果來評斷，要從底層邏輯看起。

價值觀的重構

對於所謂職場價值觀的認定，首先需要重新構建。

漫長人生中，你永遠不知道會被帶往哪個方向，我們看似隨波逐流，但其實來自你的每個選擇，早有順勢安排的脈絡。同時，人生從來不是為了要蓄意成為某種成功故事的樣板來定義的，也不是跟隨著他人樣版照辦，就叫做成功，一切只取決於「自身的創造性」，當然，成功也只由自定義。

茱莉選擇了一個傳統定義上不被認可的賭博行業，她首先對自己進行了價值觀的重構。茱莉的目標是明確的，也可說是不明確的。不明確的是，她並非一開始就要立志做一個賭場大亨，只是隨著命運順水推舟來到當下的景況；明確的是，當她認定之後，她只有偏執的一無反顧，雖然她選擇將自己個人成功，寄予在這樣不受社會認可的行當實現。這其中在更深一個維度要探究的：不是賭博行業合不合法，而是在這個既定前提的條件之下，在茱莉自己的機遇與可能性下，縱使不受普世價值認同，她依舊創造了最大化的個人價值。萃取出意義的，是像運動員一樣的拚搏精神。

你能說這樣的成功不算成功，抑或是不被普世價值認同的成功就不能稱作成功嗎？

當然與此同時，我也並不是扭曲地鼓勵在不法行業中獲得成功，而是希望你能在這過程中，提煉出那份渴望自我實現的意志與信念。我認為她在自定義的設定中，已經做到她想要成為的自己的樣態，足以堪稱自我實現。

自驅力的錨定

價值觀重構，首重對自我內在的溝通與理解，而實踐自我價值，下一步，就是自驅力。茉莉從決定從運動員退役，離開原生家庭到洛杉磯當酒促，進入德州撲克牌局，到被迪恩開除並自立門戶，所有過程的發生與前景創造，始終緊扣並圍繞自身目標發展，可見她清晰地為自己安排人生。先求生活穩定，再一步步求職業生涯的發展。此間，茉莉從未被外在非自願因素所糾結或妥協，或是改弦易撤去做對自我設定的目標無謂的工作。

然而，我們或更可進一步地透過茉莉的故事來說，生命中，沒有什麼經歷是無謂的，萬事都得先有下一步，有了下一步才得以為繼，或延展出更多選擇。

「堅定地讓過程繼續發生」是自驅力的展現，它會不斷地摸索與觸達到來的機會，一次又一次翹動價值所在，在風險與生死之間危宕，打開局面，讓職業生涯持續扶搖而上。自驅力的錨定，還有一個重要的因素與積極性意義是：無論當下局面是否對自己有利，「對當下局面有相對把握」，就是小範圍的「安之當下」，無論當時身處在高峰或低谷。在自驅力的助力之下，膽識拉滿，便能讓意志與心性更有落定，不無端徬徨。

從險惡之中，淬鍊出珍貴的思維高度

劇情中，茉莉面對雇主各種輕蔑與訕笑，更甚恐怖分子的威脅與暴打，當下內心雖有波瀾，仍始終表現得若無其事，在在顯現了茉莉的情商與膽識。職場中這種負面情緒的發生，已經不能用老生常談形容了，那根本是家常便飯。如果要把這種情緒當成忍辱負重，未免也太沉重又過於悲壯，同時更是大可不必。

因為**如果對這種負面情緒產生了某種直覺反應，那它就會被貼上標籤，被自我定義為負累，終成心理負擔**。職場上懷有劣根性的人，多是出於天性，且到處惹事，我輩也無需對號入座，感覺自己被針對。更需要思考的是，讓這些惡臭，幫助你對局面產生清晰的理解與掌握，甚至預警。在亂象中找出機會點，成就自身的下一步，當你來到下一個境界時，這些惡臭終將成為身後的過盡千帆，不值一提。

從危機中激發的生存本能，反而更能讓人義無反顧地去追求。把外在職場的道德底線放低，不對職場有過高或不切實際的道德期待，那麼，觸底反彈的能量終將更大。

關於道德底線的分際

這是一部真人實事傳記改編的電影，做為一個觀眾，著實看得精彩，但我們永遠無法完全體會到茉莉身在當時的複雜景況，在職涯旅程的每個階段，日益膨脹的野心、超額利益的拉扯，讓她始終承受著巨大心理壓力。

如果用「盜亦有道」來論斷茉莉的下場，其實稍嫌簡單粗暴。包含保留了許賭賭客的餘地，知名賭客對其不倫戀情的勸退，拒絕了自傳中透漏玩家的真實姓名換取刑期減免，甚至面臨司法審判，也拒絕向律師交出藏有賭客重要個資的硬碟。這對於一個追求高風險高報酬的人，那該是有多大的道德底線與自制力。無論是道或術，最終還是看把持與底線，過度操弄者即被反噬，這從來是亘古不變的道理。險途終究將帶來風險，帶來超額財富、帶來更多傷害，帶來非一般的人生歷練；追求財富這件事，本身從不帶有原罪，如果社會上的每個人毫無追求，社會也就不存在進步的條件與可能。道德在職場上，無需過分無限上綱，也不能無限沉淪；守住分際，即守住了生而為人的底線與尊嚴。其餘的就只得盡情發揮。

這個非一般的勵志故事，最終也只得帶來非一般的結局。誠如前面所述，茱莉的精神是值得學習的，當我輩渴望成功的時後。劇中她說：「誰是妳生活中的英雄？誰是妳真正尊敬的人？我沒有任何英雄，如果我達到了自己為自己設定的目標，成為了我想成為的人，那麼我就是我的英雄。」

我想，這就是整個故事的答案。

職場PUNCH LINE

職涯發展的軌跡，
要從底層邏輯看起，
終點從來不是答案，
過程中的追求才是真義。

身在職場的第一天起，成為一個自由人

《總編的復仇》（騙し絵の牙，2021）

「就是因為小，所以不能只一味防守，得要主動出擊……這樣不是很有趣嗎？」

職場中，自由該如何被定義？許多人口口聲聲渴望自由，憧憬自由，期待解放後的自由。彷彿只要身在職場的一天，只得像是被奴役般，過著悲觀且不由自主的生活，更甚苟且度日，只為了求取最低限度的生存權。而職場中的自由，在某些人眼裡看來，就好像是某些位高權重之人的特權：擁有權利，就代表能絕對掌握自由，只有他們有資格談論或擁有自由，餘人只得仰望其談笑風生自若。

然而，真的是如此嗎？

職場具有鮮明而矛盾的兩面性：一面是萬惡無比的，一面則是充滿希望的。一切取決於我輩對於職場的定義或認知輸入了何種初始設定，當意念被自我植入，也終將對自身未來的職涯發展，產生深遠的影響，以及可預判而不可逆的結果。在這之外，有沒有第三種選擇的可能？

語落至此，總感覺好像想在職場中獲得自由，就必須被客觀條件所牽制，自己只能淪落成一個被動的「被害者」角色，沒有主觀餘地。這樣說來，好像又太汙名化職場的存在。

不如，我們大膽做個假設，換個方式來說：為了想要自由、忠於自己，職場再不給你任何受限了。然而，你能夠有絕對自信去創造出任何普世價值嗎？所有的風險你都有勇氣承擔甚至概括承受嗎？你願意為最後的結果做到最大程度的負責嗎？

當所有餘裕都留給你了，你大概不免又裹足不前，遲疑而膽怯起來；或者你毫無遲疑地一口答應，又讓人感覺你對職場的理解不夠深層與通透——職場全域，從來沒有想像中這麼簡單好理解。

說了半天，一如我總是與你們一再提示的：職場中的所有結果，是無法用二分法來論斷的，結果的生成，總僅是你行動之後的歸因。我輩應在努力的基底之上，用「非一般的心態」，打開職場全新認知與視野，超脫枯燥乏味，在職場中，真正成為一個自由人。

然而，所謂非一般的心態，竟然是**「惡趣味性」**？

電影《總編的復仇》改編自日本作家塩田武士的同名小說，以虛構的大型出版社薰風社為舞臺，描繪文化雜誌的狂人主編速水，以近乎異常的執念，對西山日薄的出版界露出利牙，展開一場複雜而生動的「新生改革」之路。

故事的開端起於首代社長去世後，出版社的政治關係與派系氛圍旋即浮上檯面，嫡系派與外部勢力派之間展開了權力鬥爭。主角速水接任的《Trinity》月刊，是隸屬於新任社長東松所屬的外部勢力派；而嫡系派則是由專務所領軍的《小說薰風》月刊。同社操戈的源起，是由於新任社長想將嫡系派勢力削弱，於是透過董事會決議，將《小說薰風》從月刊改為季刊，此舉讓嫡系派大為震怒，就此展開了一場組織暗鬥與一連串的相互奇襲。

由於《Trinity》月刊自身亦面臨即將停刊的壓力，主角速水為了達到革新目的，迅速擴展《Trinity》月刊的影響力，從《小說薰風》挖來了女性編輯高野，連帶地，將她的作家資源也一並吸收了過來，包含長年合作的招牌作家二階堂、神祕新人作家矢代聖。

此外，速水還鼓勵團隊編輯們去開發具有號召力、影響力、有趣的非常規文學作家，試圖將《Trinity》從單一生活類月刊屬性，轉型為多元化主題的類型月刊。在速水一連串的操作下，十足製造了不少話題。

一路處於下風的《小說薰風》也不甘示弱，聯手內應速水團隊的編輯，說服神祕新人作家矢代聖再次回歸《小說薰風》。此舉成功讓矢代聖倒戈，並且盛大地開了記者會。沒想到，這完全掉入了速水的設局。記者會上矢代聖和盤托出，表示小說根本不是他寫的，《小說薰風》的專務董事以讓他獲得芥川賞為利誘，一切都是有預謀的操作。原來，在這過程中，速水早發現了神祕新人作家矢代聖的真正身分，其實是消失多年的傳奇作家神座詠一。速水兩手操作，找來一名長相出眾的模特兒瓜代神座，同時試圖引誘神座詠一出現為自己正名。這一招果然湊效，神座詠一現身，同時記者會上發布的醜聞也一舉即潰了《小說薰風》的聲譽，讓專務董事黯然下臺。《小說薰風》提早解散，速水除去了薰風社改革之路的最大勢力與絆腳石。

然而，故事並非只圍繞著同社操戈而展開，背後更藏有新任社長東松的野心，也就是謀劃已久，歷時五年的ＫＩＢＡ大型建設投資計劃。一路上新社長東松協助並支持速水所有作為，沒想到在關鍵時刻，真相大白，速水竟是嫡系派年輕接班人伊庭所暗中指派發起這項改革的推手。伊庭除去了嫡系父執輩的勢力，也在這關鍵時刻，中止了東松在ＫＩＢＡ大型建設投資計劃中可能的不法利益野心擴張。

至此，你可能認為在速水的運籌帷幄下，一切都依照他的想法與計劃實現了，結果劇末來了一記回馬槍。

此前提到的速水從《小說薰風》挖來、對於小說編輯充滿熱情的女性編輯高野，事實上也是首位發現神座詠一蹤跡，並以過程中的交集與理想性，深獲神座認可的關鍵人物。

高野一路見證速水的執念與瘋狂，在厭倦職場惡鬥之後，心領神會，以其人之道，還治其人之身。她私下找了神座深談，以誠摯的對話，打動了神座，搶先了《Trinity》。最終在自己老家書店，出版神座睽違二十多年的新作，全劇畫下令人驚異的結尾。

爾虞我詐看似是職場必然，而速水橫行職場的風格、不按牌理出牌的「惡趣味性」，帶來了另一種職場觀點與全新思考。**「必須夠有趣才生存得下來」**，提煉出關於成為自由人的先決條件。以職場的自由人為名，速水做了什麼？

在自己的生命裡，找到屬於自己的擅場

速水進入　風社之前，輾轉在數家不同產業與類型的雜誌社擔任過主編，一方面除了累積到許多人脈與資源，也為了實踐自己的意志，得罪了許多人。更重要的是：速水總是**以一種自由人的姿態，去實踐他的理想與憧憬**。當人處在不服膺體制鉗制的狀態之時，自然就會在事情的推動過程中，充滿變數與意想不到的挑戰，但也能更不違心的去實踐。然而在這過程中，並不是「為了叛逆而叛逆」，才能稱為職場的自由人。

體制內講究的通常是一種均衡與人和，我們往往害怕出眾而顯得格格不入，因而祈盼依循並融入體制機器，成為一個零件。然而，速水卻決定成為一個板手，去改變體制。板手從來不隸屬於機器，但它是機器所需，而且也可以讓機器做出改變，自由而靈活。

正是因為速水如此鮮明的特質聞名業界，才得以獲得薰風社二代的青睞而

受延攬，進行如此重要的企業改革之路。如果不是像速水這樣出眾而不從眾的性格，恐怕沒多久也會被高壓的體制機器吸納，而改革，也就從無實踐可能。

從速水的故事來看，身在職場的我輩，要成為什麼樣的自己，都是自由且有所選擇的；唯一讓我們遲疑或膽怯的，永遠是背後的代價與風險。傳統定義中，在全域裡找答案，意味著我們必須「大局為重」，也就是用體制思維來衡量自身的行為準則與發展。然而，有些事情，是必須以「自我想實現什麼」為出發點思考，有些偏執，甚至打破常規，大破大立，全域才有成功的可能。

反觀與速水同級的《小說薰風》主編，她役於傳統出版社體制化，或許因內心體制能護航她，所以她一心一意，全然服膺，然而最終由於鬥爭失敗，部門解散後竟被發配到總務處，已屆中年的她，處境難堪。這場景在現實職場中看起來也不陌生，很多人，都是這樣被職場擺布的。

職場發展迄今，從來不為恆長作擔保；選擇進入體制內不代表屈就平庸，選擇成為自由人也不是就如此高尚，這之中毫無可比性。我們更要清晰理解的是：你身在其中，是否能找到自己的最大擅場。然後，就如貫徹意念般全力以赴，如同速水一般「沒底線地玩」，用能動性打破職場僵局，開創生機。攻擊是最好的防守。

困難都是可預期的，無需感到意外

要為職場裡的自己下一盤大棋，成功路徑絕非是像「點對點」這樣的輕易直觀，過程必然充滿挑戰與曲折。下一盤大棋，輸贏不取決於自己所在的高度與位置，無論是一個便利商店店員，或是想在事業單位再往上爬的中階主管，兩種人所付出的努力程度，皆是等量齊觀，不分高尚輕賤。承接上述所言，不在全域裡找答案，其實是想點出某些職場人好高騖遠的心態：成天在職場裡東張西望，總是看著別人好像過得順風順水，或是殷羨妒忌他人成就，直到最後，也看不上自己的生活，總妄想一步登天，時光就這麼蹉跎了。

我們終究無法擺脫「職場」在我們人生裡的重要性與意義；但換個方式想，也不必想的如此沉重，要不，就用「趣味」的眼光或心態來看待所有事物吧——這部電影值得借鑑的，便是速水的這番心態。他總是外表輕鬆，內心無比嚴肅。他的所有舉措看似令人摸不著頭緒，也總是如此唐突。

一次的唐突，那就真的是唐突；然而，一連串的唐突，最後會形成風格、某種常態，或在大眾心中植入一種意識，最終變成個人特色。速水就是這樣在操弄每一場計劃的過程中，馴化了身邊的每一個人，最終唐突竟就這麼毫無理由地合理化了。

劇中速水提到「確認可行性之後所帶來的困難，都是可以預期的」這句話，聽起來有點白話與不言自明，但對一個人的自我內心而言，其實有著重要的錨定意義。**當終極意向被確認後，下一步就是目標的分解，然後具體化為行動方案，逐一完成**；速水在這件事情的思考上，始終是清晰的。縱使在劇中似乎每一件事都能在他的計劃中實現與發生，但這一切從未被定義為水到渠成，其中有的是更多努力，以及不斷觸碰與探究風險的底線。

無論過程中的成功或失敗，都不會阻止速水停下。劇中速水穩定的心理素質，與對細節的掌握、觀察和利用，成就了他不斷往終級目標前進的最大利器，他看起來總是一派輕鬆、毫不在意又勝券在握，表現得絕非親和近人又友善，然而關鍵時刻，總是雙眼如炬、充滿企圖心。

過程中，對於階段性結果（無論成功或失敗）的瞻前顧後或拘泥，都是毫無必要的，因為目標始終仍在尚未觸及的前方。

以終為始，前進與創造的行動力，永遠是讓所有事件持續產生契機的不二法門。

去革新，去愚弄世界

薰風社的變革，通常也是許多舊時代企業因應潮流變化，而必須面對的改變。唯一的問題是，薰風社並沒有隨著潮流階段性與時俱進，他們過於沉溺過往的豐功偉業，當面臨這樣結構性的重大改革，累積已久的陣痛一次全上，於是場面不得不演變成守舊派與革新派的對決。老路走不到新地方，於是年輕接班人伊庭找上了速水，讓速水獲得了一次寶貴的機會。

這件事從中帶來的啟發是重要的：速水從來不是服膺體制裡的人，過去在音樂雜誌擔任主編，他就毫不留情地有一說一。速水的觀點犀利見地，大肆批評歌手專輯，造成唱片公司與雜誌之間的不愉快，最終落得被開除的局面。但也因為速水的職場個人標籤與鮮明性格，成就了兩面性，方能獲得薰風社年輕接班人伊庭青睞，進而暗中將其引入，參與協助改革之路，認定他是這場變革之下需要的人才。

獲得機會的速水，除了持續行動製造機會與契機之外，透過可能性去產生聯動與觸發，亦是不可缺少的。速水入行過程中累積許多人脈與資源，包含替他假扮作家矢代聖的偶像雜誌模特兒、寫軍事雜誌專欄的當紅女偶像等，甚至從敵對部門挖來了女編輯高野，嘗試去色誘招牌老作家二階堂，更虛與委蛇，與年輕接班人伊庭裡應外合，聯手扳倒社長東松的野心。憑一己之力，速水是無法完成自己的目標的，他必須像是在織一張網般，當目標靠近的必要時刻，每一根絲線，都要能為他載重與發力。

達到職場終極目標的過程中，他不以常規手段去完成任務，而是去「愚弄」世界——這裡的愚弄並不代表懷有惡意，而是指不斷產出新的思維、發展新的對策，或出奇招，或顛覆常規，搭建與觸發更多的可能性，去攻克過程中的任務與困難，發動難得一遇的風景。

在體制與框架裡，成為一個內心自由的人

成為自由人，這該是一種多麼宏觀的遠望，但好像意念一轉，又彷彿唾手可及。成為自由人的第一步，從來都是先從捨棄二元對立、非黑即白的思維開

始，**沒有絕對，只有相對**，才能最大力度地展啟全新的思考模式。

《總編的復仇》劇情一開始，就把出版業標籤為「夕陽產業」，無論是劇裡戲外，自然都是種悖論。而「必須有趣，才生存得下來」，這句話，點亮了或是說脫困了我輩在面對改變中的風險思維。一想到改變，所有人的反應都是恐懼與不安，或是裹足不前。然而，要成為一個內心自由的人，看待事物的方式才是決定你是否得以為繼的關鍵。如果你是懷著恐懼與不安，去改變你想改變的，那麼你終究無法看到事情的光明面與希望。

然而，當你將所有事情看得「有趣」時，那將是一種生機的展現。自由人服從體制，卻不拘泥於體制帶來的龐大壓力，他的心是自由的。自由人看待事物的眼光，能透析更深層次的意境與機會點，甚至於利益的關聯性。自由人從不屬於任何一個體制，就像是傭兵一般，意志自由而奔放。

劇末，速水的確成功地協助接班人奪回了權利，但是在出版傳奇作家神座詠一作品一事，卻徹底失敗了，這超出了他的計劃與預測，令他惱怒不已。說到頭，速水仍舊是一個有血有肉的平凡人，面對失敗仍然會有極端情緒展現。然而他並未因為失敗而消極，心念一轉，又繼續去發掘新的機會，朝著目標奔去。

驅動速水的，根本性來說，不是體制賦予他的任務，而是他認可了體制與自身的意志契合，於是選擇一同奔赴。速水最終要成為什麼樣的人，其實答案就在這一切追尋的過程中——**過程本身，就是意義。**

職場PUNCH LINE

對階段性結果的瞻前顧後或拘泥，都毫無必要，因為目標始終仍在尚未觸及的前方。

PART 2

不落情緒陷阱，
守護本心的人際兵法

何者
Arrival
In Good Company
The Devil Wears Prada

社交安全守則

職場裡最難掌握的，往往是人的問題。
想要拿捏好職場中人際關係的高低應對、遠近冷暖，
首先你要知道如何穩定自己的內心。
只有明確了自身目標與立場，以高情商應對周遭，
才能不動聲色、若無其事，展現真力量。

冷眼旁觀或太社會化，都不是職場最佳姿態

《何者》（何者，2016）

「冷眼旁觀是沒用的，大家都知道這點，所以努力想擺脫……但卻能感受到你拒絕努力，怪不得你沒人要用。」

「我是誰、我在做什麼、我要去哪」，是近期常在網路上見到的新興趣味用詞，常用於感到迷惘徬徨，或不知所謂何來的時刻，實則是來自西方哲學的三個永恆命題。生涯本是一段充滿哲學的自我終極詰問，人生如是，職涯亦然。

職涯發展有點像勾織圍巾，如果沒先將思路捋過，就開始編織，只會越織越偏，變成一團理不清的毛線球般糾結棘手。就像某些人的職涯發展一樣，未先確立自意，而後職涯越走越遠，漸形迷失，終將職場生涯織造得一塌糊塗。於

是捧著這坨亂毛線，千頭萬緒，想丟棄也不是，想重新開始，卻驀然驚覺年歲已有。猛然回頭：根本不知道這些年來，自己是如何讓自己走到這種地步的，進退維谷。

「身在職場，明確認知真實的自己」總是唯一答案，我也常不厭其煩地一再論述。職場新鮮人在職場探索過程中，容易受到外在環境人事物的語言行事所影響，或借鏡到錯誤的學習對象：無論是洗腦或模仿，直接或間接。一旦沒有足夠的智識去判別訊息動機，就容易被利用或帶偏，然後失落於他人言語之間，終日渾噩。

當失去主見，久而久之，就順利淪陷入辦公室文化的糾結之中，被各方拉扯，再為自己貼上「社畜」標籤，繼續痛苦捲絞，日復一日，形成一種荒謬迴圈，還以為這就是社會化，實則只是低層次且毫無價值的汲營。

在職業生涯逐步爬坡上升之際，要先明確自我目標，同時試著學習梳理判別外部訊息，屏蔽不相關的擾訊，充耳不聞有時甚至是種好方法。在自身與職場環境之間，學習降噪能力。職場之路將能相對地走得更清朗順心。

這次，想與大家聊聊關於「同儕」這樣的一種角色。你能從同儕身上獲得學習的提升與借鑑；當然也不乏打壓擾亂你，將你拽入深淵的可能。「同儕與小團體」之間，是以什麼關係依存，又或是否存在著必然的關聯？在這裡並不全然是以批判的角度，我反而想跟大家進一步透析：嘗試從小團體行為之中，引申出積極性意義。

電影《何者》講述一群日本大學生在畢業之前，在重要的求職季，展開積極就職應聘活動的故事。這群人有：在校時活躍於學生劇團，善於旁觀評議、內心冷靜分析的拓人；總想在這支求職小隊中展現自己的優越感，強勢的理香；對求職活動不那麼在意、積極參與樂隊，一派樂天的光太郎；海外歸國一同進行求職活動，內心常感到徬徨的瑞月；以及蓄意想從求職隊伍中脫隊，走向自我道路的隆良。

幾個年輕人存在著競合的微妙關係：檯面上一方面看似互相鼓勵打氣，然而回到個人心思時，又像偵防一樣，在社群平臺上關注著彼此發文狀態，或側面打聽其他人的應聘進度，爾虞我詐，甚至有著同場競爭面試的尷尬時刻。究竟這樣的小團體，在心理支持上是否真正有作用？面對著殘酷不斷的職場面試試煉折磨，這趟求職旅程到最後，有些人倍感茫然，有些人則漸漸明晰自我。從求職這個命題，圍繞同儕與小團體的關係，殫精竭慮，我們能從主角的人物設定上看見什麼？

誰與誰是真朋友，誰又真正幫到了誰，誰又是誰的何者？

善於做一個聰明冷眼的旁觀者？

在進行求職活動同時，拓人持續以一種冷眼旁觀姿態，主觀批判或妄言評議身邊同儕在求職過程中的行為，或匿名在社群媒體發表，或直接對同儕批評。

論點都對，伶牙俐嘴、鞭辟入裡，但有何謂？反觀自己，卻也沒好到哪裡去，各種求職不順。

同樣地，身在職場，我們有時難免看不過去某些人的行徑或行為舉措，氣不過、想伸張。但說白了，又與自身何干？身處職場，並不是要來做為一個法官或警察，去糾察所有不公義之事，那些都不是我們應該需要去關注的，套句網路用語，這就是「畫錯重點」。

現今社群媒體的高度發達，讓人人都能當擅於發表個人意見的自媒體，以求博取他人認同與關注。站在功利角度而言，如果這樣能產生利益或變現，自然有其可取之處。但若非如此，只不過是淪落一種自我感覺良好的發洩，恣意無謂地干涉他人人生，像狗吠火車一樣，發揮不了任何影響力，對自我更是毫無價值，浪費時間。

是此，何不把關注放在自己身上，好好「干涉」自己的人生？

過度社會化的「下場」？

強勢的理香，總想在這支求職小隊中展現自我優越感，除了製作頭銜一大串的名片之外，還在推特積極發文，擅自將友情變現塑造自身積極形象。集體面試時，毫不客氣強壓好友只為了求表現，但最終也沒能獲得該份工作，反而是一派樂天的光太郎與內心常感到徬徨的瑞月，竟還比她更早獲得應聘函——這現象是否太過諷刺？

面對理香熟練而扭曲的社會化表現，無須批判，她的行徑與求職結果也不存在因果關係，重點來自於她對於社會化的錯誤理解：她對所有人的善意，也都只是成就自己的副產物而已。

自我運籌不是毫無必要，只是如果整件事是建立在社會化的過程上，其實你無須與任何人交代，常言一句：「比賽看結果，裝模作樣，虛張聲勢，都是虛妄。」身在職場上，要擺脫形式主義，除了善用自己的積極，更得踏實忠於自己的目標與選擇；行有餘力，再適度地對他人釋出幫助或善意，就是最好的實用主義。

小團體取暖有沒有用？

在大陸職場有種說法：「團隊與團夥」。團隊是指一群人在有共同目標之下的結成；團夥則是職場中，躲在眼皮底下互相包庇，和稀泥*的一堆人。電影中這群求職小隊的組成，雖然可以在求職過程中彼此互相鼓勵打氣，但其中又隱藏著矛盾與忌妒，意味實在不明。要不一群人集體求職不順、坐困愁城，要不就像劇裡一樣爾虞我詐。又或者就算集體求職成功，其實也不知與他人何干？現實生活中，我輩身在其中，確實可考慮有無參夥的必要。

* 編註：北平方言。將稀爛的泥巴攪和在一起。多指不分青紅皂白、毫無原則地為人調解或處理紛爭。

如真的非得小團體取暖，就先完善自我，帶著「可被利用的價值」加入，透過小團體，創造更多價值，彼此成就。若非如此，就只是相互間的情感勒索或利益掠奪，最終鳥獸散也不過是可期的結果。**兩塊打火石，敲擊才能打出燦爛火花**；如果只是兩三塊糞土，終究不過是和稀泥，變成一坨更大塊的糞土。

何者，誰是誰的何者？

職場一途，任誰都只是誰人生中不知名的旁觀者，唯一明確的，只有身在其中的自己。職場百態，那些我們好生羨慕的、瞧不起的、看不上的，原來都有各自最多的故事與努力，不用輕視他人，當然也不用自卑於自己的匱乏。就算受傷、就算千瘡百孔，毫無疑問的，是始終在自己的路上前進著。

把「我是誰、我在做什麼、我要去哪」持續地想，然後通透。想想，最後當有一天，遇到如劇情中需要你用一分鐘自我介紹時，那個時刻，你將會如何定義你自己？

職場PUNCH LINE

在自身與職場環境之間，學習降噪能力，職場之路將能相對地走得更清朗順心。

老闆好像外星人？理解職場中的非線性溝通

《異星入境》（*Arrival*, 2016）

「任何衝突中掏出的第一個武器是語言。」

《異星入境》電影改編自美籍華裔作家姜峯楠的推理小說《妳一生的故事》（*Story Of Your Life*）。有別於一般科幻片較專注於特效拍攝手法，《異星入境》全劇帶著沉靜而哲思的氛圍，如籠罩一襲暗紗。它探討著「語言、時態與選擇」，以「非線性」的概念貫穿了整部電影，又以「溝通」做作為劇情發展的關鍵要因。

劇情描述十二個卵型不明飛行物體，某日無預警降落於世界各個地區，造成人類一陣恐慌。語言學家露薏絲・班克斯被軍方徵召前往營地，嘗試利用其語言學專長，協助理解外星人動機為何。外星人的溝通模式有別於人類文句行列的線性組合模式，是以非線性文字（符號）方式呈現。看起來像一圈又一圈的潑墨，每噴造出一個圖像，就是一個語境，更甚一行意思。與其說是閱讀，倒不如說是領會，是一種較高等的溝通形式。

與露薏絲對話的外星人，是長得像章魚一樣的七足怪，身形巨大而令人心生畏懼。過程中露薏絲持續解譯，逐漸地能從英文跟外星文之間，找到語意對照並溝通對話。

然而，語言是主觀的，不同人使用不同解讀方式，或將導向截然不同結尾。一番溝通後，他們終於問出最想知道的問題：「降臨地球的目的為何？」解讀後答案竟是「提供武器」（Offer Weapons）。世界各國片面解讀這句話後，以為是外星人的宣戰，於是產生對立態勢，蠢蠢欲動，準備發動戰爭。然而露薏絲基於專業敏銳地判斷，明白語言存在著主體與客體的認知差異，在外星人認知中，weapon可能不是武器之意。於是露薏絲竭力找出真正意涵，最後明白：外星人降臨的來意是「禮物」（gift）——帶來他們的「非線性觀點」當作禮物，因為三千年後，外星人預知到他們將會需要人類的幫忙，而此行便是想賦予人類這樣的預知力量。

劇情中，「非線性」概念除了體現在語言溝通之外，也打破了「過去、現在與未來」線性排列的概念：過去、現在與未來並不是以序列發生，也有可能是同時並行的，三段時態各自前進的過程中彼此交互影響，沒有因果，只有目的。同時探討了人對於未來的預感與感知，如何對當下產生決定性改變。最後，露薏絲不斷透過自我覺察，領會到對於未來時序的感知，讓未來的自己，對當下的自己給出了一個答案；於是露薏絲「自己幫助了自己」，最終成功化解了一觸即發的戰爭。

《異星入境》示現於職場中，能啟發我們什麼？想像一下：眼前來歷不明的龐然飛行物體就是職場——未知詭譎，無法預判，也難以掌握。然而，當我們決定要踏入職場的時候，如果只是用常規線性方式去理解它，我們終究只能得到一段平凡無奇的職場歷程。外星人代表的是：你在職場中必須溝通的人，可能是主管、同事或下屬。

我想告訴你：**職涯是一場立體維度、非線性、沒有明顯邏輯的探知與冒險**，你要充分打開感知，提升對職場事物關係的感知與層次；以「非線性」思維，在「語言、時態與選擇」的三個構面之間，去與職場遭遇和溝通。同樣是以肉眼看到，但透過你的覺知去創造並經歷的，最終獲致的結果，將與他人大大不同。正確的「溝通」，能在專業素養之上，為職場帶來高度附加價值。

誠如劇中所述，你就是武器：**自己就是所有問題的答案**。是此，我們應如何借鏡露薏絲，在職場中，以「有覺知含量的溝通」，為自己打開非線性的高等感知？有以下幾個步驟。

別貿然開啟職場對話關係

劇情中，外星人只是才降落地球，什麼也沒做；然而地球人就主觀判斷，推定他們是來侵略的，以來者不善作為前提。原來，這都是在訊息不對稱之下所作的誤判。同樣地，在與職場裡的每一個關係人，進行互動與對話之前，對於溝通對象的個性掌握是非常重要的。先透過大量訊息採集，特別是非語言揭示的部分，就像大數據一樣，透過日常、私下、行動訊息的各種維度行為模式：說過的話、做過的事，特別是對方在各種場合的價值觀表述；多方取樣、交叉認證，掌握該對象的思想脈絡，再將自身語言模式，調整成與其同頻，借位客觀地，才有展啟真正對話的可能與效力。

切勿一開始就以主觀認知切入溝通與對話，如此導向誤判的機率將會非常高，也極可能因為主觀發言，將雙方關係變成對立面，終將不利於職場行事。有效力的溝通是解決問題的利器，對事切勿貿然主觀定論，避免因為方向甩錯，反而變成束縛自己的套索。

溝通的接與收之間，嘗試適度敞開

起初，露薏絲穿著厚重防護衣與外星人溝通，到最後，她選擇脫掉防護衣，讓自己以一種相對曝險狀態，與外星人進一步交流，沒想到因為敞開，反而真正得到了與外星人深度對話的契機。與職場關係人溝通時，有時，帶有些許曝險成分的自我敞開，反而能獲取真正的答案與信任。

職場本質爾虞我詐，這裡並不是鼓勵你毫無防備地與職場關係人掏心掏肺。敞開的層次，分上司、同事與部屬。對上司的敞開，可以換來交付與信任；對同事適度敞開，能建立盟友關係；對部屬敞開，可以適度激發並凝聚向心力。在適當時機，為達溝通目的，在試著尋找僵局的突破點之際，首先自我敞開，甚至示弱也無妨，以退為進；有機會深化彼此的信任程度。同時，敞開的關鍵是就事論事，並非出於私利的抵換關係，而是以共同促成工作目標作為前提，這樣的敞開示好，在適當時機，或能撬動高度溝通價值。

職場溝通的媒介不是語言，而是語境

透過前述兩項自我覺知之後，當你開始與職場關係人展開對話，除了開口溝通之外，還要同步打開感知——對語境、與當下環境的感知，以理解藏在溝通背後真正的寓意。劇中露薏絲在將軍即將離開、前往詢問另一個專家意願之際，問了將軍一個問題：「去問那個人，梵文裡的戰爭怎麼說？」後來，將軍得到的答案是「爭論」，然而露薏絲解讀其真正意思卻是「想要更多的牛」。原來，爭論只是一種過程或手段，並不是溝通之下的結果。一如「提供武器」，真正的意涵是「帶來禮物」。沒說出口清晰表述的，很多時候，才是重點：應對方法很簡單，**別立即回應，再想一想**。

總體來說：很多人事物的發展，在溝通之前或都已有相對定論，然而我們用非線性思維去溝通，並非只是想單純引導或影響某件事的結局與導向，而是要讓整體職場環境，與你個人狀態產生同頻，以共伴效應的概念，將現在、未來的個人職場溝通與應對處境，整理至一種順利舒服的狀態。

是此，理解職場對話語境，能有助於你次次正確解讀，做出相對理想的溝通與判斷，往你想要的職場生存狀態發展。

你自己就是所有問題的答案

由於篇幅關係，本文只提煉了《異星入境》的主要劇情內容，其支線還講述了露薏絲與同樣被徵召的物理學家伊恩．唐納利相遇而相戀的故事。露薏絲因為擁有預知能力，早已預見這段感情終將以喪女之痛心碎收場，然而露薏絲仍蓄意「選擇」讓它發生，雖然結果早已注定，而她仍「選擇」去經歷。原來，結局是不會改變的，在你當下經歷的過程中，未來也同時在發生，在未來來臨之前，結局都早已寫好。

打從你進到職場的第一天，結局也就早已寫好，那就是終有一天會退休。在這之前，每個人，每一天，都生活在屬於自己的職場遭遇中。用了什麼方式應對，你就會獲得這個應對所相應而生的答案。我們雖不像露薏絲一樣可以預知未來，但這條路途上將走往哪裡，你自己可以掌握，你就是所有問題的答案。

切記：當下在職場中的你，必須做一些什麼、付出什麼，才會與未來的自己產生呼應，如此各種可能在未來，才會繼續發生。職場是需要具有高度感知的場域，除了努力不懈之外，更要覺察自我，才能讓職涯之路凌駕於常凡之上；以及，只要有所付出，持續努力，其他的就交給際遇，時間將會給你一個值得的答案。

最後，我們就用劇中一句臺詞作為結尾：「儘管知道這次旅程將通向何處，我還是選擇義無反顧地擁抱它，且安於迎接這次旅程的每一刻。」

職場PUNCH LINE

沒說出口清晰表述的，
很多時候，才是重點。
別立即回應，
再想一想。

突遭降職，該辭職離開還是忍氣吞聲？

《大公司小老闆》（*In Good Company*，2004）

「你知道最好的一件事是什麼嗎？就是做正確的事情，使事業得到提升。」

我常感覺：身在職場，除了本質面的工作專業含量之外，有時候，職場關係似乎不太能用邏輯化或系統化的社會科學角度來詮釋，它是相當充滿哲思的，涉入了感性與非理性層面，近似於次文化的維度。

這裡談的次文化，並不是所謂隱晦或不道德的面向，以職場生存來說，它更像是某種生態下所產生的「本能」，混合著柔軟的感性成分與敏銳的經驗法則，是一種相對高度個人化的行為模式，或稱處事準則。

在漫長的職場人格養成過程中，選擇接受了什麼養分——不管是有機肥或是化肥——就會形成了什麼樣的人，也終將決定每個人的職場樣貌：沒有標準，無涉對錯，沒有好壞，不由分說與論斷。所以我們看到職場中充斥著各種形色的人，每個人都用著「自我的本能」生存著，千人千面，在職場中互動與交會。來來去去，有人出局，或留下，全憑本事。

我們都太明白：外在職場的瞬息萬變，狀況百出，那些你不明白的，你看不慣的，你覺得不公平的，都是我們所無法控制的，而且這些說法歸結到底，也是毫無實質意義的。唯一我們能施展的，是在職場層出不窮的狀況中，好好掌握自己，讓「本能的感度」發揮到最大，引導你走向相對適切與理性的選擇，次次避險。

「好人一生平安，壞人惡有惡報」這件事，在職場關係中，我其實從來覺得沒有正相關，這篇文章也將為你辯證。要明白：**想用一條直腸子與職場一路死嗑，通常是沒用的。**無論你想當好人，或是選擇成為壞人，皆要好好學習明辨動靜，不讓焦慮所駕馭，保持柔軟與彈性。展開本能與敏銳的感官，將能為自己帶來更多的餘裕與機會。

因為所有行為背後，都只有一個答案：**想生存下去**而已。這次想與你聊聊：關於一個大叔的中年職場危機拆彈的故事。

任職於《美國體育》週刊的廣告業務部主管丹佛曼，性格正直，管理風格資深而純熟，業務團隊成員都跟隨丹佛曼多年，是彼此信賴的團隊夥伴。在其帶領之下，廣告業務一直都是呈現優越穩定的狀態。

某日無預警地，《美國體育》被一跨國集團「全球公司」併購，空降了一位年輕主管卡特擔任廣告業務部主管，成為了丹佛曼的上司，而且年齡只有丹佛曼的一半。卡特毫無相關廣告業務經驗，能獲得高位，僅是在某次產品會議中的簡報獲得高層青睞，而後便得到這樣一個寶貴機會。遭逢降級的丹佛曼，自然受到不小打擊，心中更是無法接受。然而，高齡五十一歲的丹，由於家計重擔與財務問題，迫使他不得不接受現狀，成為卡特副手。

瞬間成為了「中階主管」的丹佛曼，除了要學習與年輕上司卡特相處、面對傳統紙媒式微帶來的壓力與不安全感，以及提高三十五%廣告業績目標壓力。此外，更令人感到掙扎的是，他還接到刪減部門預算的指令，必須殘忍地裁掉已如老友的兩名團隊資深業務成員。各種情況排山倒海而來，丹佛曼毫無反抗與轉圜的餘地，只得逐一痛苦地面對與解決。最終，在一番心理調適後，丹佛曼選擇接受現狀，真切地認知自我當下狀態，放下身段與成見，不從消極搞亂抵抗或倒戈出發，反而運用自身的資深職場經驗，選擇敞開地與卡特協作，理解了卡特的真誠與善，也建立了交心的信任關係，最終一同達成公司要求的業績目標。

故事到此還沒結束，職場的瞬息萬變，真不是為人所能預料的。一開始併購《美國體育》的「全球公司」，持有一段時間之後，透過資本運作，又再次將《美國體育》轉手出售。空降的卡特被解任，丹佛曼又再次回任，重掌廣告業務部門最高主管，不僅如此，還回聘了遭到裁員的老戰友們。劇情的發展，以最意想不到的戲劇化方式結束，然而，卻又如此寫實。不到最後一刻，不會知道真正笑到最後的人是誰。

而我也不盡然認同：丹佛曼在這職場危機中，已最大化地讓自己立於相對安全而有利的位置。這又到底是為什麼？在這段中年職場危機的拆彈過程中，丹佛曼做對了什麼事，又做錯了什麼事？

靜慮與理解，勝過恣意妄為

整部電影對於事件的發生過程，並非以一種爾虞我詐的視角來詮釋，反而是從「如何在職場中的自處」省思出發，充滿哲學的流動。而丹佛曼的心理素質，則成就了這段職場關係之中，讓自己有以為繼的關鍵。

中年遭逢降職噩耗的丹佛曼，做對的第一件事，就是**不妄進**。雖然也可能是迫於現實財務與家庭狀況的壓力，迫使讓他接受事實，但選擇接受現實，並非就是代表消極的自我放棄或擺爛。雖然感到焦慮且痛苦，但丹佛曼沒有立刻選擇興風作浪、哭天喊地，他只是在事情發生後，維持繼續前進的狀態，這是最重要的一種修練，無關情緒，也無關毀譽。

我們都要明白的是：只要是身為受薪階級的一天，形勢永遠是大於人的。當面臨不利情況時，首要讓自己學習從劣勢的現狀中提煉，嘗試細緻地找出事實發生之後的契機與可能性。雖可能無法力挽狂瀾，但也要讓自己盡可能站穩在相對有利的位置，竭力自保當下的周全。

委以就範或是頑劣抵抗？兩者都不是

在職場中，所有涉及二元對立的選擇，總是一道道偽命題；因為它所談論的，永遠是態度，而非本質。職場的本質，在我之前的文章中也曾論述過：無論你選擇了什麼態度面對職場，在職場主客體關係中，就是企業花錢雇你，你拿勞動力付出去換報酬，其他沒有了。所以，無論如何：你用什麼心態面對職場，或職場如何對待你，那都不是重點。重點只有你終究是否有把事情做好，各取所需不負這份薪酬。太多人不明白的是圍困或糾結於情緒問題，而忘記原本存在於職場的意義與目的。

世代議題是不移的標籤，卻不成一個命題，也從不成問題。職場之中無論世代如何遞嬗，把「本質上的自己」怎麼擺，用什麼姿態而立，才是需要關注與覺察的。職場問題都是老生常談，而自己未必需要照單全收。首先正視現實，後續能左右事情發展的，通常是自己的心態與因應舉措。與其頑劣地力抗浪潮，不如從容去理解潮汐，諳水性而移。

雖然起初丹佛曼在還無法或是不願理解的情況時，一味抄起消極情緒頑強抵抗，老想用「資歷變現」保有最後的一絲職場尊嚴，然而那種非理性胡鬧般的姿態，始終吃力而拙劣。讓整件事情產生轉變的契機，就是丹佛曼在心態上做了很好的調適。他並沒有用情緒一直為難自己，而選擇敞開甚至協助比他資淺的主管一起共好，其實無論是對工作本身，或是對自我，都做到了最好的提升。

原來你以為：職場是一場亂鬥，但關鍵時刻，更多的是與自我心性的對決。

在自己的修行裡，做時間的朋友

歷練職場多年，有時難免迷茫，於是我們不禁自問：「這一切所謂何來，最終又將去往什麼地方？」那些提不起的放不下的，我們總慣於用妥協或就範來解釋，但更好的說法，是修行。有時我感覺：職場也得像是修行，過程中的際遇，就是一場又一場的大小錨定，隨著歷練而自我完熟。做時間的朋友，就是得耐心地把路走長，才能看到脈絡，最終調校引導至心中遙指與嚮往的方向。

雖然劇中沒有具體描述丹佛曼是如何一路走到如今的位子，謹守業務崗位，績效掛帥，這一切也絕非偶然。遭逢降級，不算致命傷，多年來在職場中的經驗、奠基與歷練，皆能為丹佛曼自身構架一定程度的避險機制，一時半刻也不會產生長期影響。只要做好因應，這場意外，充其量只是一場「磕絆」；此刻，他真正需要的，並不是真正去「解決問題」，而是「跨過問題」。劇情最後丹佛曼保有工作，僅是他讓客體決定了主體命運的結果，並沒有做到贏者全拿，只能說僥倖使然。

丹佛曼對長期主義的堅信與信奉，雖然毫無毛病，但其實，只做對一半。**長期主義在檯面上顯見的底色，看似風平浪靜，但更多的隱而不顯，是檯面下不動聲色的長期布局。**

長期布局職場資源矩陣，有選擇的人，永遠占上風

多數人一頭栽入於職場，時間一長，很少會有意識地、定期地進行「自我職場價值評估」。多數都是被動地等到事情發生之後，被逼著在沒有選擇的選擇裡圍困，只能落得把自己逼上二選一的境地。留下或離開，選擇都不由自己。

讓自己毫無選擇的，通常是自己。丹佛曼在整件降職事件中表現得如此被動，那是因為他對職場太一廂情願的結果所導致，其實也做了最佳的負面教案。

一方面信奉**「長期主義」**，一方面**「長期注意」**，是不可或缺的。「長期注意」指的是注意什麼？注意身旁可能帶來的資源與機會，結識價值人脈與資源積累，這些並非僅做為低層次的社交用途，更多的是個人價值、資源展示。在發展職場的價值資源之同時，我認為一個職業經理人，至少應該經常性地與五到十個獵頭保持聯繫，除了業界情報的訊息對稱之外，也能讓獵頭根據你的職業情況給予相對客觀的判斷與建議，即時為你經紀匹配適合的職位，兩個、三個或是更多。一旦事發，要留要走，你便多了許多餘裕。

如果丹佛曼除了長期主義之外，也做了長期注意的應合，他便不至於圍困於僅只一個選擇，那麼後續要面對的就不是情緒自擾問題，而只是下一步選擇，問題就簡單多了，僅是利益與職涯發展與否的匹配程度而已。

最後，想用電影的英文劇名來收尾，「In Good Company」，聽起來有些諷刺，又有些意味深長。這世界上究竟有沒有所謂的好公司？職場很現實，我想答案不是見仁見智，而是看人下菜。職場說到頭來也只是一場買賣，沒有一個公司有義務為你的所有資歷與閱歷全盤買單。資歷與閱歷價值與否，也從不是自己說了算。如果無法為自己培養出討價還價的能力，那就只能像丹佛曼一樣，臨到中年還被秤斤秤兩，相當悲催。

何時開始都不晚，此刻開始試著為自己盤算，相信我，怎麼算都划得來，丹佛曼給了我們最好的借鏡，這也是我給予讀者最深刻而簡短的衷訴。

職場PUNCH LINE

你以為職場是
一場亂鬥，
但關鍵時刻更多的是
與自我心性的對決。

有些刁難值得挑戰，職場裡的斯德哥爾摩症候群

《穿著PARDA的惡魔》（*The Devil Wears Prada*, 2006）

「選擇放手不是因為輸了，而是因為懂了。」

《穿著PRADA的惡魔》電影中，任職《伸展臺》時裝雜誌的主角安德莉亞（暱稱安迪），因某次不可抗力的工作失誤，被主管米蘭達情緒性羞辱之後，負氣帶著眼淚逃開。途經辦公室見到同事奈吉，安迪趁機對他抱怨訴苦，試圖討拍。「那就辭職吧！」沒想到奈吉絲毫沒給出安慰，反而爽快地對安迪說：「我可以在五分鐘內找到跟妳一樣的女孩，立刻取代妳的工作。」

安迪餘氣未消，奈吉開始娓娓闡述，從自身過往，以至在此工作的所有人，工作過程中即使艱辛，縱有更多不合理的折磨與刁難，但依舊奮力投入，更甚近乎病態地熱愛，因為他們都深信：這份職業是使命，是通往卓越、為人類帶來更好的藝術福祉，甚至是自我職涯實現的唯一路徑。語畢，安迪沉思半晌：「我只想知道自己該怎麼做……」忽然，她像是意識到什麼般，福至心靈，獲得了幡然覺悟的一刻。

《穿著PRADA的惡魔》是一部經典電影，相信很多讀者都已經反覆看過數次。今天不談劇中光鮮的時裝或奢侈品，誰穿什麼，一點也不重要；我們也不談那些辦公室同事之間，勾心鬥角或反唇相譏的茶水間劇情，毫無營養。我想要從待在米蘭達身邊，被使出渾身解數奮力虐待的安迪，輻射討論至無一倖免的艾米麗與奈吉，還有更多團隊裡的所有人。這些工作能力精明、自視甚高、性格高傲的人們，都像患了「斯德哥爾摩症候群」般，不離不棄，一心向著《伸展臺》時尚雜誌，並像是信仰著虐待他們的米蘭達一般，持續為著眼下工作賣命，這究竟是懷著一種什麼心思？

所謂「斯德哥爾摩症候群」，是一種心理學現象，意指被害者對加害者產生情感，同情或認同其某些觀點和想法，甚至反過來幫助加害者的某種情結。也許用以做職場比喻，或有病理或邏輯上的不甚精準，但仔細想想：我輩畢業學成後，多以非自願型態加入職場（自行創業或家中有座煤礦場除外），接著勞力付出，成就組織或企業；在相對過程中，讓職涯越來越高攀，獲取更高報酬，因為財富自由而自我實現。

試想，人與職場之間，不就是以某種被迫的依存關係存在嗎？無論你喜歡職場或討厭職場，那都不重要，因為它就是會在那裡，從不因你喜歡或討厭而有所改變。於是，問題焦點不應是喜歡與否，而是**如何在「被職場綁架」的過程中，最終從職場的「桎梏」中被釋放，得到自由**。

寫到這裡，我不禁想起進入職場第五年——那個各種虐待我的餐飲業集團老闆。然而多年過去，每當回想起，我沒有一次不感謝他。首先，我屆滿三十歲時，才出社會第五年，頂著品牌經理頭銜，無比風光，都是他給我的。但很快地，他開始提出各種不合理並近乎為難的工作要求，日日都轉化成為對我巨大的心理折磨，這些在我的作品《孤獨力》已多有描述，有興趣的讀者不妨找來看看。姑且不細談他無意或蓄意折磨我的動機為何，當時年輕的我意識到：**所有不堪的過程，都必須淬鍊或沉澱些什麼，才有價值。**於是念想一轉，再不消極應對他，我奮起，完全成為「那樣的人」。很快地，我竟迅速掌握了工作訣竅，他越折磨我，我越想征服他，次次過關。短短一年多，我的工作能力獲得驚人提升、獲得認同，也為自己累積許多有價值的談資。從原本是我依存這份工作，到最後變成這份工作需要我，更慶幸的是：我們沒有往「不歡而散、不做最大」這等廉價劇情發展。

是的，到最後，我是**為了自己工作**。

故事回到安迪身上，過程中，她究竟同樣體悟了什麼，才讓職場生涯劣勢，產生全新生機？

充分的思想覺悟，有時，會出現在第二次

覺悟，是一種心理準備。劇情裡安迪在家中對男友大肆抱怨米蘭達，並聲言絕不會被她打倒，當時的這番話並非絕對的覺悟，只是一種負氣對立面的反抗。直到與奈吉談完後，她才徹頭徹尾，從思想上做了第二次覺悟：**「想獲得什麼，就成為那樣的人。」**

安迪決定以一種抗戰的心情奮起，她設想只要能擁有這一年的工作經歷，就能成為她下一份工作的墊腳石；無論動機為何，本質上安迪是因「為了想征服這份工作的挑戰」而產生了覺悟，不再輕視以對，最終形成了強大的力量。

保持專業、高情商，不被輕易踩踏

除了安迪的奮起之外，同事艾米麗工作的動力，雖是「期待參加法國時裝

週後能拿到數不清華服」這樣的膚淺理由，但日常工作表現始終戰戰兢兢，從未鬆懈；直到安迪離職，她依舊堅守工作崗位。而由於米蘭達毀棄承諾，在政治角力中失去了期待已久高升新職的奈吉，也依舊保持信念與希望。

能支撐他們走下去的理由，除了熱愛工作本身之外，其實，更多的是情商。沒有一個人真正埋怨或痛恨米蘭達，因為他們都知道：她能帶給人成長與卓越，所有人都在期待屬於自己的巔峰時刻，都在不動聲色地伺機前進，最終那過程中的大小折磨，根本不值一提。

別為那不花力氣的暗地譏笑，疲於奔命

其實，職場裡許多人，都在你不注意的時候，使出渾身解數努力著。你以為只有你最積極，但更多的人，只是視高壓為理所當然。

艾米麗早晨六點十五分，已出現在米蘭達的辦公室，妝容衣著精緻完整，

並看似已開始工作一段時間，她致電喊醒安迪並要她進辦公室時順便買咖啡，並仔細提醒所有細節。奈吉一次又一次，在各種會議與場合上，適時發揮關鍵性專業能力，讓米蘭達次次認可與信任，但始終表現謙遜。然而，他們從沒少過在辦公室裡用任何語言形式譏笑他人，任誰都不是聖人。

由於安迪起初志不在此，就算一開始被譏笑、被嘲諷，也都視若無睹，她只想把工作做好，此舉意外地讓她避免淪落於辦公室的碎嘴困擾中，自然也就不會因為艾米麗常譏笑她而產生鬥爭之心。到最後，由於安迪專注在自己的工作中獲得精進與認同，所有人再不譏笑她，每個人都拿自己的專業話事、平起平坐，這難道不就是職場最純粹與原生的面貌嗎？

總之，**對辦公室、茶水間的流言蜚語置之不理，永遠是最佳上策**；去在意這些，並不會讓你感覺更好。唯有搞不清楚自己，總是狀況外的人，才會被他人嘲笑。

身處職場，目的為何，我們都別要放錯重點才是。

不動聲色、若無其事，才是力量

面對米蘭達各種不合理或荒誕的工作要求，安迪總是積極以對，從沒把時間浪費在埋怨上，她想方設法，次次化險為夷。劇中安迪某次誤闖米蘭達家中禁區，見到其不欲人知的失敗夫妻關係，導致米蘭達萌生辭退安迪的想法，故意派出不可能的任務，刁難她拿到未出版的《哈利波特》原稿。沒想到安迪透過關係，還真的弄到手了。從這其中，我們要學習的重要心態是：安迪並未因達成不可能任務，在主管面前耀武揚威，她也只是一派淡定，一如日常。**讓人無法摸透，才是職場情商的最高境界。**

最終，安迪從內在自覺到外表穿著，彷如脫胎換骨一般徹底轉變，展現了前所未有的絕佳工作樣貌；短短不到一年，已能完全駕馭工作的所有精要與細節，並深受主管米蘭達倚重，獲取了「相對不可取代性」的職業價值；同時，在她要離開這份工作之際，她已能決定對於這份工作的去留，而不是被決定的那一方。雖然她只是一個小小的助理，但她已經從這場工作歷程中，獲得了豐厚的絕佳養分與提升。

在職場中，我們到底要追求什麼？個人職場演化不外乎三種：一是年薪變高、二是職位變高，三是跳槽或被挖角後，年薪更高以及職位更高，其他沒有了。切記，別被白白折磨；患上職場裡的斯德哥爾摩症，原來，也可以是一種積極性治療。

職場PUNCH LINE

不動聲色、若無其事，
是真力量。
所有不堪的過程，
都必須淬鍊出些什麼，
才有價值。

PART 3

看輕挫折，為低谷反彈做足準備

Morning Glory
Hidden Figures
ブラック会社に勤めてるんだが、もう俺は限界かもしれない?
The Shawshank Redemption

創傷回血劑

職場，以一種中性而流動的狀態存在，
不為任何人偏頗，不因任何人而改變，
從未恆等，只存在於消長之間。
那些壞運與意外，也不過是家常便飯，
究竟該如何將谷底，活成你躍升成就的機會？

沒人看好又怎樣？谷底正是上升良機！

《麻辣女強人》（*Morning Glory*, 2010）

「不可能只是一種想法，而非事實。」

《麻辣女強人》是一部輕鬆的美國職場類喜劇電影，寫實卻也激勵人心。它示現職場裡的「憧憬」，有時不僅止於一種浪漫情懷，更是攀赴職涯高峰的追尋指向，以及通往自我實現之路的助燃劑。而電影主角的「心態」與「思維」，更是貫穿與左右結局發展的關鍵。她在劇中面對各種困境的行為舉措，都能形成標準的職場行動方案。這篇文章適合給在職場發展三到五年，正要面臨職涯迭代的年輕職業經理人們作為借鏡。

在這部電影中沒有論述太高遠的職場夢想或願景，誠如我專欄的選輯觀點一樣：沒有油膩到會讓你喝出脂肪肝的心靈雞湯，也不會像注射高劑量安慰劑那般讓你感到心情馳放。那種要你「與職場好好相處」或是「換條路走心更寬」的瞎樂觀到最後都只是不知所云，那從不是正確心態，也不會有帶著你找到問題癥結的可能。

剝除那些搞笑橋段，《麻辣女強人》這部電影樸實無華卻又嚴肅地告訴我輩：當面臨棘手的職場問題時，要用找到「最大限度的生存概率可能」作為前提，先明晰最壞打算的底線，再回過頭，真真切切地尋思行動方案與對策，然後對付它、馴服它，而秉持的心態是**放手一搏**。事實證明，因為主角的行動，最後讓職場環境與關係人發生了極為正向的改變——是的，她把價值做出來了。服膺了傳統老話一句：事在人為；最終也形成「個人與職場」彼此盛奉與成就，其他沒有更多。

《麻辣女強人》以美國新聞電視網作為故事舞臺，年輕的主角貝琪任職於地方性電視臺助理製作人數年，工作雖忙碌緊湊，但算得上是順風順水。在一次組織異動中，所有人都謠傳她將升遷扶正，而她自己也滿懷希望。結果沒想到，最終得到的答案竟是被要求辭退，取而代之的是另一位名校出身、電視臺欲培育的重點明星人選。

貝琪淪落狼狽地離開電視臺，但這個打擊並未讓她意志消沉，萬般求職波折之後，最終貝琪被一個非主流的全國性電視網相中，為一檔長年收視墊底的晨間新聞節目所錄用，並首次獨挑大梁擔任執行製作人。但其實這倒也不是多器重她，而是前面已有太多前人適應不良而陣亡，貝琪只是沒有選擇之下的選擇，也沒人對她抱有太多期望。

當然這份工作並不是光鮮且好整以暇地恭候她，一上任各種問題便迎面排山倒海而來——不但要面對節目長年收視低迷、製播團隊士氣不彰、預算少得可憐，而且連休息室的門鎖壞了很久都沒人修理。

貝琪上任後，既要扛住收視率壓力，一方面又要整合團隊找出節目核心特色，還要協調兩位王牌主持人不睦的關係，更要想出能刺激收視率的好點子。真可謂焦頭爛額。

身在如此混亂之中，貝琪沒把時間放在自怨自艾，過程中她從不問結果與意義，或拿那種毫無建樹的職場大哉問纏住自己，她只想方設法，問自己能怎麼做。就算泳姿狼狽，也要爭取能先游起來再說。

後期她甚至還面臨到：若收視率再沒起色，便要腰斬節目的巨大壓力。最後，貝琪使出渾身解數，經過一番努力，終讓團隊整合成功、節目製播有了鮮明特色，收視率順利上升，最終保住了節目。不只如此，到最後她還被美國知名電視網CBS相中挖角。貝琪成功扭轉了原本所有人都不看好的頹勢，讓自己價值盡現。

究竟，貝琪把哪些價值做出來了？

認知自己、不看低自己、為自己布局

貝琪畢業於三流野雞大學，幾年努力後能在地方電視網任職助理製作人，看似已是人生巔峰；當被不幸被裁員時，或有憤怒與不甘，但貝琪沒讓自己沉浸在那些負面情緒裡太久，很快展開下一步安排。

她瘋狂寄出求職履歷，傾力動用自己所有人脈，為自己尋找生路。閒賦在家時，貝琪母親憂心忡忡地望著她：「都已二十八歲了，還有夢想是件很可恥的事，停止那些可笑的追尋，安分地過生活吧。」甚至面試時，貝琪展現出各種能力表述與積極爭取，竟還被毒舌面試官當面譏笑奚落：「妳看起來好努力喔，但怎麼還是這麼慘啊。」

一路走來，貝琪沒因為被裁員而讓自己低落，於後也順利從該輕挑面試官手上拿到新工作，向他證明自身價值；更沒有順從母親的想法，仍義無反顧地拿著斧頭砍向荊棘，闖出自己的一條生路。

我想說的是：**在我們眼前的很多現象，既然已是事實，那就不成問題。**所謂不成問題的意思是：你明明已知它就擺在那裡，就不應因為想要逃避的心態選擇觀望，讓它成為自己的某種困擾或心患，唯一解方，就是想辦法走向它，並解決它。沒有人能為你的人生買單，當你意識到自己還這麼年輕時，有什麼理由不為自己多做點事？

當有機會獨挑大粱，過去奠基的都會派上用場

加入團隊後首次的新節目晨間製播會議，團隊資深成員圍著她，所有人張牙舞爪，從四面八方將問題丟向貝琪。在那當下，貝琪並沒有慌了陣腳，僅是沉著梳理眼前各種怪誕的問題，並有條不紊地逐一給出明確方向與合理回覆，這一切絕非偶然。這些都是貝琪過去擔任助理製作人的磨礪所帶來的打底與價值。要意識到：當在職場中面臨問題，實則是讓自己習得經驗與成長的契機，千萬別輕

易逃避，那些曾經洗滌你的所有問題，最後都會成為硬裝備。

貝琪所做的還不僅如此，團隊裡有一位倚老賣老的資深主持人，經常在辦公室對著他人開黃腔或做出不適言論，製播會議時也時而缺席，對工作毫不重視，團隊裡所有人都在隱忍他。而當這次玩笑直接開到貝琪頭上時，貝琪二話不說，當著所有人的面開除他。她一方面樹立主管威信，同時也除掉團隊裡的遺患，強化了貝琪統整團隊的決心。

很多年輕的職業經理人在某些職業生涯階段開始擔任起要職，有時會裹足不前，甚至感覺自己德不配位。我想說的是：所有擔憂也許是事實，但也都不成問題。也不是要教你坐上高位就蠻幹，更重要的是首先展現自身決心，再者透過逐次的事件印證自己能力，並取信於團隊。不用放大自己，也不用小看自己，要著實明白如何帶著團隊前進，解決眼前困境。而這一切都是經驗法則，有了過去的歷練與打底，你自然知道如何應對，這就是前述所及——職場中不要輕易想繞過問題，順著直面它，有時，曾經令你感到棘手或痛苦的問題，在未來，它將帶著你走得更遠。

泳姿狼狽不要緊，先求游起來再說

在想游出長遠的距離之前，我想，可以先不用考慮泳姿的問題：**先求活得下去，再求游得優雅。**為求收視起色，貝琪開始製作一系列荒腔走板如綜藝節目灑狗血的新聞報導。此舉果然奏效，收視率有了顯著提升，同時也振奮了團隊士氣，連資深女主持人也自告奮勇要加入如此荒謬的綜藝化新聞報導行列。

有時身為空降角色，時間是很重要的一種資產；在講究工作品質之前，你必須先在某些部位起到一些作用，藉以交換後續的時間與空間戰場。原來，職場有些事情是很講對策的，你得先做些什麼，證明自己可以，才會有後續的故事，或是才有機會做你個人認為真正應該做的事，而不是一味要求環境等待你。別忘了，時間是從不等待的。誠如前述所言，有時先不能問意義，只能求當下先能怎麼做。這一點，在貝琪如此能動性的行為上，充分被體現了。

以共好為前提，放下身段彼此成就

承繼上一點，看到收視起色後，貝琪可沒打算一路荒腔走板下去。為了提升節目品質，貝琪從別的時段硬是挖來一位傳奇新聞主播。這位傳奇新聞主播從一流電視網最後淪落到這種三流電視網，雖然坐領高薪，但一直被晾著，懷念過去榮光而感到抑鬱不得志，然而貝琪從中看到了希望。原節目時段已有一位資深女主持人，這位傳奇主播一直看不起這位選美皇后出身的主持人，兩人始終睥睨相輕。為了令傳奇主播與選美皇后主持人和睦搭配相處，貝琪放低身段，姿態柔軟地，不管是鼓舞或是勸誘，充分發揮著溝通協調的功能。

特別是那位過去有過許多輝煌戰績的傳奇主播，他始終看不起這種灑狗血式的綜藝新聞報導，不斷地給貝琪難堪，或是以消極不配合的方式應對。然而貝琪知道這位傳奇主播的價值，因此願意忍受他對她一切不合理的情緒對待，真誠感化以對。

於後他們在互動之中卸下心防，終見彼此最真實的一面。最後，傳奇記者也運用自己的線報，獨家揭發了州長不公義的弊案，一舉為晨間新聞開始注入了專業新聞素養，不再只是灑狗血的綜藝化新聞節目了。

一路走來，貝琪從沒有利用分化、鬥爭來鞏固自己的地位。她選擇讓眼前的所有關係彼此成就；而在彼此成就之前，她將自己推上第一線，放低身段，以共好為前提，整合並凝聚團隊。過程中有犧牲、有痛苦，有挫折與失落，但貝琪最終的確為頹勢的現狀帶來改變了——她給了這位傳奇主播新的舞臺；也為自己的職涯賦予了新的價值；更讓這個曾經收視墊底的節目與製播團隊有了新的續命契機，皆大歡喜。而我也相信：也許現實生活中的職場，常不若電影結局這麼美好與圓滿，但只要確信在自己手上努力過的，不負自我，那即是整件事情最大的價值。

名氣不是唯一的考量，情操之所在才是

劇中最後饒富意味的，是當貝琪將節目做出名氣之後，隨即而來，理所當然的各方挖角與探詢。貝琪獲得CBS電視網青睞，而她也去面試了，但最終她放棄了這個攀上高枝的機會，選擇與原本的團隊繼續奮鬥。在節目沒人看好時，貝琪也在沒有選擇的情況之下選擇奔赴，最終她做出了出眾的局面。這就是我常說的：**越爛越谷底的公司，越有你成就的機會**，因為接下來的所作所為，都將是上升。如果一個公司看似一切歲月安好，哪有你出人頭地的機會？

再者，貝琪放棄了前程更好的CBS電視新聞網，看似放棄了一個好機會，或許是為了團隊默契與革命情感的羈絆。但換個角度來想，或許貝琪寧願讓自己有更多的累積，再蹲深一點，也許未來就有機會跳得更高，此刻的她並不著急。倘若電影結局是貝琪選擇馬上跳槽，也未必是一個好或不好的選擇，當然年薪一定會更高，而她選擇再開一個新的戰場。根據電影對於貝琪人設的描述，相

信無論再遇到什麼樣的困難，我想，她依舊會義無反顧地面對與奔赴。

整部電影更重要啟發我輩的是：**「情操」**。情操確是貫穿所有職業生涯的最大要因。所謂情操，並不是你對這件事情有自發的嗜好或是感興趣，而是你**願意投入，願意把這件事情做好**，即便它荒腔走板或是困難重重。因為你知道：這件事情來到你眼前，那都是命定。你就必須好好地親手完整它，親身經歷它，不問原因。這就是職業經理人的情操。

最後，就用這句話當做結尾：「人在職場中，一開始怎麼樣並不重要，重要的是：後來，你讓它變成怎麼樣了。」這句話就留給正在看這本書的讀者，你也留給明天繼續面對職場的自己。

職場PUNCH LINE

人在職場中，一開始怎樣並不重要，重要的是：後來，你讓它變成怎麼樣了。

當你還在抱怨，她們已奮力衝破潛規則

《關鍵少數》（*Hidden Figures*, 2016）

「我無法改變自己的膚色，因此別無選擇，我只好敢為人先。」

傳記電影《關鍵少數》以美國、蘇聯的太空競賽為故事背景，描述在充滿種族歧視的社會氣氛之下，任職於美國太空總署的三位黑人女性科學家桃樂絲、凱薩琳、瑪莉，如何不畏體制，在職場上爭得一席之地，活出自我價值。

這段力爭上游的過程，必然包含重重阻礙，電影生動演示了當時黑人無處不受白人社會的歧視與打壓，例如：只能使用有色人種專屬的廁所、員工餐廳、飲水機；搭公車時只能坐後排限定有色人種的小區域；不得隨意進入特定的白人圖書館。同時，在以白人為主的職場，有色人種遭遇各種霸凌與歧視，言語嘲諷、阻礙升遷更是家常便飯。所有不利的生存條件，都一應俱全了。

有時我們不禁沮喪感嘆，這樣的職場令人感到絕望。但同時也有些人認為：**職場充滿未知，因而希望無限。**

劇中三位女主角桃樂絲、凱薩琳、瑪莉，從職場到日常，無不遭受各種歧視冷暴力，她們還能逃到哪裡？然而，她們卻總不慌不忙，揣緊尊嚴，端著一派輕鬆自若，就算時有怨懟，也像是自嘲一般，以優雅姿態去面對職場與日常中所有惡意對待，從沒讓自己代入歧視或霸凌的思想困境中。最終她們都透過努力，掙得了想要的，次次收穫，毫無僥倖。

改變不了大環境，就選擇從昇華自己開始。

本次想聊聊：在身處於不力的職場狀況下，應如何好好自處，更甚有所發揮？首先，得先釐清與理解，是否要在飽受煎熬與折磨的職場環境待下去，而最大先決條件是：你能捕捉到這份工作的發展前景嗎？你找到了它對你自身的價值嗎？

否則，周旋再怎麼久，也得不出你想要的。因為所有生機，都是從野蠻生長開始的。所以，決定去留與否之前，一定要把先決條件確立好，再做下各種決定或付諸行動。

故事回到三位黑人女主角身上：在這樣異常不友善的大時代下，面對種族、性別與專業等多重歧視，她們為自己做了什麼來打破藩籬？

不自貼廉價的弱者標籤

職場裡慣性歧視別人的人，往往不覺得自己在歧視別人，也因此，被霸凌者絕不能以被霸凌者自居，別輕易給自己貼上被害者標籤。工作環境裡本就存在程度不一的競爭關係，本質上也是相互地資源掠奪，因此霸凌與否的行為，多少來自於人的劣根性，不必太意外。如果是以動手動腳而行之，訴諸法律即可；但面對無聲無息、精神層面的「冷暴力」，我們該如何應對？

首先，**強化心理素質**。面對被霸凌或歧視的事實，但無須過分誇大。下一步，不是抄傢伙正面對決，而是暗自帶著節奏速度，默默**深化自身工作表現**，透過更多的績效表現，間接瓦解職場中的霸凌狀態，積極轉移焦點，最終試著讓這件事無痕過去。你繼續行駛在自己的職場航道上，勿因此事再開一個戰場，職場生存的本質，不是要你費時間在這等破事。

想脫離同事和主管的欺壓，不能靠跑百米，而是馬拉松，續航力很重要。努力過程當中，這些劣根性的霸凌者們，還會繼續霸凌你，唯有「若無歧視、心無旁鶩」專注於成就自己，轉機一定會出現。我不想溫情安慰你：「當被歧視或霸凌時，就輕易離職認輸算了。」撐下去吧，拿出你全部力氣拚搏，用專業表現奪回自身尊嚴。

就算身處頹勢，也別放棄為自己衝撞冒險

是不是職場不可抗力，就該讓自己顯得無能為力？當然不是。桃樂絲一次一次想衝破藩籬，以黑人身分爭取主管職位；凱薩琳想方設法爭取利用自身所長，在男性為主的團隊中，參與重要的航道試算任務；瑪莉期盼成為太空工程師，不惜挑戰體制，上到法院裁決，只為進到特定的白人學校就讀，以獲取所需學位。她們每個人都在自己的困境中努力，可能偶有沮喪，但從不以「悲情」定義自身遭遇。

從沒有人規定：身處困境就必須以「可憐自己」的情緒來描述一切。劇中三位女主角，即使身在弱勢，處處被打壓，但從未放棄，她們厚著臉皮，一試再試，無論結果成功或失敗，她們都「確實具體地拿出對策」了。

身在職場的我們，請試問自己：能付出或犧牲多少，以為了成為我們心目中理想的人？就算職場不可抗力，但也不是全然無能為力，我們終究還有一己

之力。

開啟生存感知去探索新事物

如果你在工作中長期處於安逸，有時會丟失了該有的求生本能。我們都不應妄想職場內有多溫情友善，很多時候因為各方勢力，同事說翻臉就不認人，不可輕視。

但亦無須細思極恐，或行事謹小慎微。懷一身本領、充滿抱負的你，越在惡劣的職場中，越是要找出「資訊不對稱」的機會點，夾縫中求生存。

求生欲如何培養，一點都不戲劇化。除了在專業上努力，也記得要伸出無形的觸角，盡情擴大觸及範圍，讓貴人有機會看見你。比如在一件你能發揮的專案上猛烈投入，或是在工作上不吝於對周遭事物付出，這些行動將「創造轉機」，觸發更多種可能性，讓周邊資源能連動起來助力於你，最終扭轉劣勢。

電影中桃樂絲被白人主管打壓之餘，仍不忘為自我探求契機，意外接觸到IBM大型計算機操作，最後習得更新的計算機操作技術，帶領團隊取代人工計算，職業能力迭代升級，也順利地成為部門主管，還帶領了有著白人女性參與的團隊。（如果當時她只看了一眼IBM大型計算機就經過，便也不會有後來的故事了。）

瑪莉則主動出擊捍衛自身權益，順利進到特定白人學校就讀，雖然只是夜間部，但已成功達成目的，如果當時她念頭一弱，放棄嘗試爭取法院裁決，也許她永遠也不會變成自己想要成為的工程師了。

另一方面，凱薩琳次次嘗試突破與衝撞，終究透過專業獲得白人高階主管倚重，到最後也用專業征服了全老白男團隊，所有人對她另眼看待。如果她因不斷遭受各種霸凌與歧視就淚奔離開，就不會有後來助力美國太空人成功軌道航行的戰績，白人終究還是繼續歧視黑人。

不安逸，才能激發求生欲，同時別怕起點低，有時你反而能跳得越高，呈現成長曲線持續上揚。老話一句：想要有所改變什麼，就得自己去掙。

與職場中歧視或霸凌者們成為好友吧

最後來聊聊劇中，兩位熱愛歧視與惡整桃樂絲以及凱薩琳的白人中階主管薇薇安與保羅。請別誤會標題的意思，我不是要教導大家刻意交好、奉承這些霸凌他人的職場雜碎——如此一來，只會換來更被看不起而已。

誠如一開始說過：職場中慣於歧視或霸凌別人的人，他們往往渾然不覺，只因這是他們的劣根性。薇薇安最終以姓氏「范恩夫人」尊稱桃樂絲，認可她的地位；保羅最後為凱薩琳沖了一杯咖啡親手遞給她，釋出友善意願。其中有多少真心含量，還是因為職場地位消長，而產生的態度轉變，我們不過多揣測。至少，他們並不是主動對你放棄霸凌，而是因為你的專業素養，不得不被你馴化。

進一步細想：如果自身狀態沒有改變，他們應該會繼續歧視或霸凌。所有職場關係，追求的並不是以交纏交惡，而是以一種昇華的型態呈現。當你自身提升了、眼界高了，過程中再多職場擾攘，都不值一提。當有一天你強過他們，你將能與他們成為好友。

最後，就引用劇中主角的一句話作為結束。「我無法改變我的膚色，所以，我只好敢為人先。」瑪莉說。此刻：我們就為自己，敢為人先一次，成為關鍵少數吧！

職場PUNCH LINE

改變不了大環境，
就從昇華自己開始。
追求自我專業素養，
自能以你的強大
馴化他人。

在社畜底層的深淵，看清職場真實樣貌

《我在黑心公司上班的日子》
（ブラック会社に勤めてるんだが、もう俺は限界かもしれない，2009）

「社畜的職場極限，終究能承受到自己無法想像的何種階段？」

中學輟學後在家蹲了八年的真男，是日本典型的尼特族（啃老族）。繭居在家與世隔絕的這幾年他也非全無所得，真男自學了電腦程式設計，也取得電腦編寫程式的相關證照。然而就在決計振作重返職場，展開求職活動之際，真男發現只有中學學歷的他，求職過程中困難重重，屢遭譏訕或拒絕。最後，真男在面試黑井系統公司時，靈機一動，對面試官耍了一些動之以情的面試小手段，終於順利入職。

然而，滿懷雄心壯志上班首日的真男完全沒想到，這竟是這是一家「黑心公司」。老闆面前滿嘴熱情奉承肯定關照的主管，回頭臉色一變，對真男各種壓榨與破口大罵，每天不下百次用口頭禪大罵「笨蛋」。有這樣的主管，當然會有跟隨著一搭一唱、為虎作倀的無用同事，極盡諂媚奉承；還有一個在角落根本被當作奴隸，幾乎以公司為家的寡言宅男同事，工作全壓在他身上，備受欺凌，卻毫不反抗。更甚者，還有一個與社長有染的會計大嬸，把關經費特別嚴格，審核時各種刁難，曾當著真男的面將報銷單直接送入碎紙機碎掉，也曾輕挑地吐出口香糖渣用報銷單包住丟掉，態度惡意傲慢。

在這樣混亂惡劣的職場環境中，也不盡然完全絕望。帶給真男撐下去最大的心理支持，是鄰座工作專業、情商超高、處事做人遣詞皆得體圓滑的藤田先生。藤田總是在真男最絕望的時刻，帶來一些小小的開解：比如為徹夜熬夜的真男帶一份愛心早餐、與同事僵局或衝突時，藤田也會介入發揮巧妙排解的作用等等。而後，辦公室裡來了漂亮的派遣女同事中西和曾在大公司工作過、野心勃勃的木村，職場生態氣氛雖有所改善，但也絕稱不上漸入佳境。整體的辦公室環境，依舊高壓迫人而不健康——他們不眠不休無止盡地寫程式加班；隻手遮天的主管擅自接下無法如期交件、期限超短的程式專案，工作量一再超出負荷。

好不容易重返職場，真男雖然面對環境如此惡劣，仍不服輸地決定與其拚搏到底。他雖克服重重困難，做出了一點成績，被任命為一專案負責人，但卻依舊遭受到各種制肘與打擊，身心俱疲，再加上無意聞見藤田先生辭職的打擊，真男忍不住在辦公室情緒爆發。這一下，像是喚醒了辦公室所有人長年麻木的職場良知，包含那個無用主管與諂媚同事。如幡然覺醒一樣，他們齊心協力，首次展現了像是一個團隊的樣貌，將眼前原以為不可能完成的專案任務，如同發光的奇蹟般完成。

劇情最終並未以開心大結局收場，僅留下不置可否的伏筆。究竟，面對所謂的黑心公司，有志者事竟成是否為真，或求得職場生存，是否一定得經歷如此折磨付出？真男對自我謫問。然而此時的真男，似是已走出了當時那八年的尼特族時光，這場混戰，彷彿令他更加清晰明白了當下的自己，無論去留，都已準備邁向人生下一個進程。

職場本身像是一場活劇，日日方興未艾般地上演，你知道不會有什麼意料不到的劇情，總是千篇一律卻又光怪陸離，由得我們日日周旋。職場過程中，你我都一定曾像主角真男經歷過如此荒誕的經歷，纏鬥於這些人事物之間，無論為期長短。某些時刻我們很快放棄；某些時刻的瞬間，我們竟不知不覺就撐過了。也許來到前所未有的風平浪靜，直到下次再起波瀾，當下一個狀況再開始時，又再進到另一場纏鬥的人事物之中，周而復始，從未真正逃開。

職場歷程中，我常想與讀者談的是**「自處」**。有時在報章雜誌，常看別人職場生活過得有多麼風光卓越，再比對自己的窘況，便悲從中來或百感交集，我想告訴你的是：「**攀比從來是毫無意義之事，根本沒有必要。**」那些攀比都摻有個人主觀解讀的偏見，或是個人社會資源分配多寡差異，有些當然可以靠後天在職場中的努力去攫取更多，但真實狀況是：有些人的資源是來自繼承，我輩窮極一生也無法比擬，所以比較毫無意義，他的風光，具體來說也與你無關。

上述這些不是說來喪氣的，我只想清楚表達的是：此時此刻唯一我們能掌握的，是你的自處，想想你將要把自己帶往哪個方向去？或者你仍不知如何自處，總是長年站在十字路口蹉跎，千頭萬緒，一臉茫然。

再者，我也很常與讀者們談及：職場處事如常以二元對立觀點來看待，是偏誤與毫無意義的。沒有所謂的好公司與壞公司，那些灰色與汙濁不清的地帶，才是真正的職場所在。

《我在黑心公司上班的日子》劇中主角真男的處境，真的已是慘上加慘了——八年的與社會脫節、也沒有拿得上檯面的顯赫學歷、遭遇詭譎的辦公室氣氛、難以相處的主管與同事、有的只是無止盡的壓榨與做不完的工作，而且在想克服以上困境的同時，還要考量到自己：究竟要如何才能從如深淵般的社畜底層爬出？真男常感覺自己已到極限了，然而轉念之間，真男又從未放棄思考「自處」。當外在環境一切都無法掌控之時，唯一能掌控的，就是自己的行動了——那不問結果與意義的行動。所以，真男一再燃起，一再義無反顧。

最終劇裡並未告訴我們：在一番痛苦折磨之後，必然會有甜美的果實。畢竟這未免也把職場想得太淺白，恐又落入痛苦或甜美這樣的二元選項偏誤之中。痛苦與甜美，通常是以一種螺旋交雜的方式，在每日的職場生活中展現。它不是結果，而是必然的過程。

而這螺旋通常是以一種難以控制、非線性與非邏輯性的方式，攀扭出我們的職場軌跡。我輩在這其中，就得像是駕馭一頭野獸一樣，在極大的抗性與扭力之中，保持端正坐姿，力求控制朝自己要的方向與風景而去，想來著實不易。

究竟會去到哪裡？不到停止的那一天，我們自己也不會知道的。在這之前，我們嘗試從真男的行為經歷，看看或能帶給我們的一些殘酷又真實的啟發。

眼前的黑心公司，竟是可悲卻又最好的選擇？

真男的職場起步很低，比所有人都還低。他除了沒有選擇之外，亦沒有輕易放棄的權利——母親逝世，家中經濟支柱的父親還欺騙他，每天白天到公園遊蕩直到傍晚才回家，一段時日後才向真男坦承早已失業的真相。面對這種種困境，就算第一天到職時就知道進了黑心公司，真男似是不得不繼續撐下去，除非想回到過去繭居尼特族的生活，而那又放棄得太輕易了。

更進一步來說：難道這就是一個很糟糕又可悲的選擇嗎？真男竭力去理解，他理解通盤的職場事實，卻不往心裡去深究。他明白，雖然毫無選擇，但終究眼前就是一個選擇，沒有後路的黑心公司，是個可以嘗試去努力的選擇。於是真男把尊嚴輕放，就算被惡整、就算被輕蔑，縱有無奈，也只是理性地一一面對。事情發展至此，已經不是一份工不工作的決定了，倒頗有一種對人生絕地反攻的入世氣味。

而何謂可悲又最好的選擇？無論你人生縱有再多選擇，你也只能拿一個。有些看似自己覺得好的選擇，不見得就能帶往你希望的好去發展，因為沒有任何一個選擇在過程之間，不會有任何意料之外的變數。這麼說來，不管什麼「選擇」，對行使選擇的人而言，相對來說，風險係數不都均等嗎？當然有人說選擇得好，可以少走一段冤路，少吃點苦。但在我看來：多數人要遇上那個好的選擇，總不這麼容易，也沒這麼快輪到自己。然而，只要有保持轉動，一切的機會與選擇都會在過程中展現，過程的吃苦，只是為了讓自己更明晰整個局勢。當你更明晰了，下次選擇或機會再次出現時，就能更明快地掌握。所以，**你可以讓一次沒有選擇的選擇，成為下次有所選擇的憑依**。

簡言之，長期來說，在你尚無法替自己贏來更多選擇時，不如便將心思放在短期目標上，就像真男一樣，眼前工作來一件解決一件。把每一件工作專案當作練等，不用多想，雖然又煩又累，不也是一樁美事。這樣聽來像不像是可悲卻又最好的選擇？

看盡醜陋職場嘴臉後，要當糾察隊，還是順勢而為？

那些刷新職場三觀*的光怪陸離，真男一件也沒有少遇到。除了前述工作分配不公之外，在某次不經意之間，真男還發現會計記載各種貪汙的小冊子；誇張主管更在把工作甩給真男後，帶著荒唐同事夜晚花心尋歡，隔日上班還沾沾自喜地說嘴。終究看透了眼下職場醜陋又真實的樣貌，真男沒有選擇揭穿，只是在眼裡望著，心裡盤算著。他無暇去摻夥或揭穿，因為來職場上班，並不是以哪一個主持正義的糾察隊而存在的，這等維護正義的事也落不到真男頭上。事實上，公司高層並非渾然不知，只是這樣的景況在他們眼裡，都尚在可以忍受的範圍之內（縱然已經這麼誇張至極）。只要業務能夠正常推動運作，有持續穩定的營收，高層有時要的只是那個結果，太井然有序的職場狀況，根本是表面神話，高層也不在意。某種程度的容忍混亂，有時是蓄意的恐怖平衡，如果何人這時跳出來做一個糾察隊，不就是壞了整個生態平衡嗎？

正如存在於組織內的藤田，工作能力好、情商高，卻無法坐得領導高位，真相是，那是因為高層明白：一旦藤田坐上高位，一切就會變得黑白分明，就再無法從灰色地帶謀利了。然而藤田的圓滑與正直，某種程度也能稀釋過度偏頗的亂象，帶來制衡的作用。所有存在於組織裡的每個角色，都有其「裡身分」，由得高層布局與盤算。那個渾蛋無能主管仗勢欺人，但次次都能帶著團隊將專案完成交差，對主管而言，省時省力簡單輕鬆，何樂而不為。最可憐的，就是那個不知如何為自己聲張與維權的宅男工程師，僅得在食物鏈最底層任人啃食。他沒能利用自己良好的工作能力，讓自己站到一個有利的位子，這也是職場最殘酷的現形記。

而在真男僅得略略，無法看透所有真相之前，此刻也無需過多揣測，只能順勢而為。我們在局勢的流轉中，要像橡膠皮筏在河面漂浮一樣，不用去力抗湍

---

* 編註：大陸用語，為世界觀、人生觀、價值觀的合稱。

急的流速，過程中雖然有碰撞、有傷，但只要確保自己隨著流速在前進，等自己能拿到「槳」（工作能力被肯定或相對自主權）之後，不僅不再需要隨波逐流，甚至可以順勢趕超進度。在拿到槳之前？抓好你的橡膠皮筏，就盡情感受在湍急中前進與衝撞吧。

小團體或傾斜，由不由得人？

雖然在過去我的著作或文章一再提及：小團體或傾斜都會讓自己失衡，立正自己，就能好好做事。然而，面對像真男這樣的複雜狀況，在同一時間發生，那些初來乍到的職場人，該如何自處？此刻我們需要的，是一個導師（mentor）。有時這個導師，他不見得會是你的直屬主管，他可能是存在於組織裡的某個神祕又資深的角色，雖然他也身在局裡，但是他坐遠觀，他能看清你圍困的小局，並利用他長期待組織裡的理解，給予你一些相對的解法或行事建議。

過程中他未必會直接對你表態，但他可能對你友善，你必須用心搜尋，但也無須貿然投入或全然相信。你可以將之做為某種理解的平衡參照。越是跨部門，或是越沒有業務上的利害關係，可信程度相對更高。這些都是職場維穩的權宜之計。

雖然兩人隸屬同一業務部門，但劇中真男在一開始就獲得藤田諸多友善的奧援，他協助真男度過入職初始的許多困境，真男充滿感激。然而要說藤田毫無私心，也不盡然——面對排山倒海的工作，多一個能用的分擔人手就是多一個，毫無壞處，藤田表現的方式溫潤，精明於那個混蛋主管。

某次由於宅男工程師身體發出令人難以忍受的狐臭，那個壞心的主管與狡詐同事聯手捉弄他，在宅男工程師桌上放上一堆除臭劑譏笑他，惹得宅男工程師羞愧得想離職。眼看這狀況怎麼得了，藤田又站出來調解，要壞心主管與狡詐同事對宅男工程師當面道歉，兩人歉道得言不由衷，但再加上藤田的斡旋，這事也算是過去了。這其中沒有被說及的細節，是宅男工程師做為工作主戰力，如果他憤而離職，之後工作壓給每個人，大家更不好受，所以藤田才選擇巧妙地再次維持生態平衡，儒雅的外表下，可謂工於心計。

個人身處職場，保持心態正向這是必然的，但也無關乎潔身自愛或小團體取暖，更重要的是看清局勢的推移與變化，像是大雁南飛一樣，試著站到有利的側翼，飛起來會稍微輕鬆一些，但重點是別光靠著一時的氣旋，奮力振翅才是令你自己持續保持飛翔高度的不二法則。

或許渺小，但意志確切、不問結局的自己

這部劇看完沒有充滿歡快的情節，只有更多的反思與細節。無論身在臺灣或是日本，職場壓力都不隨著時代而有所削減，只是一味地與日俱增。而我輩身處在這社會大氛圍裡，有時你感嘆，有時你頹然，也許我們的心裡都曾像主角真男一樣，在想像裡自己已經因為工作壓力不支，絕望地倒在充滿人潮的大街上。

但我想懇切地鼓勵你們：**保持體力，接受這些職場的各種淬鍊。**學習真

男，就算從最低的起點開始，也要撕掉你對自己貼上的社畜標籤，崇敬自己的存在，最後，就算職場生活再如何不濟，努力於自己的同時，別讓自己變成自私；也別忘了保持一顆對他人向善的心，那將是支持你職場人生最溫潤與良善的至高秉性，就像真男一樣。

只要秉性還在，只要你心不黑，哪有什麼黑心公司。

職場PUNCH LINE

痛苦與甜美，
通常以螺旋交雜的方式，
在每日職場生活中展現。
它不是結果，
而是必然的過程。

只看本質，才能抵達想去的方向

《刺激一九九五》（*The Shawshank Redemption*, 1994）

「監獄裡的高牆實在是很有趣。剛入獄的時候，你痛恨周圍的高牆；慢慢地，你習慣了生活在其中；最終你會發現自己不得不依靠它而生存。這就是體制化。」

《刺激一九九五》被譽為「影史上最完美影片」；在IMDB被超過一百六十萬以上的會員，票選為兩百五十部佳片中的第一名，更獲選了美國電影學會「二十世紀百大電影」殊榮，相當值得一看再看。

電影裡任職銀行家、生活光鮮的主角安迪，無端遭到誣陷，被控謀殺妻子與情夫，因而鋃鐺入獄。被關進鯊堡監獄的安迪，遭判無期徒刑。無論心中再多不願與憤恨，或遭受霸淩，安迪始終沒有放棄自尊而接受馴化。雖身陷牢獄，安迪並未從此「就犯」，在無法改變的最糟情況之下，他首先改變思維，並嘗試持續付出行動可能。在最大可能的維度中，最終，親手扭轉了階下囚人生，對命運做出了猛烈反撲。

身陷體制內的監獄中，安迪在牢房裡培養雕刻興趣、為獄友爭取福利，締結獄中人際關係；更多年鍥而不捨地，向州政府申請經費改建監獄圖書館；並且協助早年失學的小混混獲得基本學歷。一路而來，安迪從未沮喪，他濟己濟人，更甚獨善其身。最後還用上財務特長，為獄警們報稅節稅，甚至成為典獄長重要的洗錢操盤手。

安迪雖身陷牢獄，但某種意義上，早已不是犯人。他在命運所強加的框架中，某種程度地蓄意犯險，打破了命定的僵局，為自己獲得更深廣的自在維度。生活禁錮，卻活得有滋有味。

不只如此，在獄中的每一日，安迪毫無虛度，都被自己精心設計。某些看似毫無意義的所為，都被做以完熟人生的歷練與奠基，被逐一蓄意引發。當二十年後的契機來臨，安迪以無比光明的希望與姿態，水到渠成，一舉「開脫」收場，到往了心心念念的「芝華塔尼歐」。《刺激一九九五》充滿職場的既視感與帶入感；確實警醒我輩，足以借鑑。

職場，是以一種中性而流動的狀態存在，不為任何人偏頗，不因任何人而改變，從未恆等，只存在於消長之間。如果你現在感覺職場令你沮喪，身處頹勢，我想恭喜你，你已探底觸底了，就告訴自己，最差的就這樣了，不會再更糟了。接下來，起新心、動新念，明日醒來用全新的思緒洗滌自己，換一個新的自己，試著學學安迪，開始為自己布局與張羅。

想法很簡單，就是試著為自己掙一點東西到手，從此消彼長的職場態勢中，多拿回一些。切記，沒有人能代勞於你。無論如何，身在職場的我們，只要行動，終究必定都能有所得，更何況，至少我們都比身陷牢獄的安迪幸運許多，是吧。

同時，職場是一場漫長的拼圖時刻，伴隨如蝴蝶效應般的作用。隨著過程歷練，它不斷派給你一片又一片拼圖，有時，拼圖上面的圖樣你看不懂，或有時你拿到一片後，也不知道有什麼用。請不要隨意丟棄。相信我，後來你會知道：當時覺得那塊沒用的拼圖，原來，是連接到幾年後所需的那一塊。以及，請耐心拼湊，不要廉價地隨意毀棄重來，要直到能看到這片風景的全貌為止，看看安迪，他花了二十年打底，在我看來，相當值得。

而今回想起我的職業生涯迄今：每一個前公司，都是起點「很高」，就是從「什麼內部資源都沒有，然後外部環境相當惡劣，好，你去幹吧」開始。所以過程中常充滿荒謬與可笑，伴隨光怪陸離，等著我去面對與解決。而內在的我，總抱著一種獵奇心態，不曾抗拒，不以為苦，反而蓄意去經歷、去觸探、被折磨，然後逐一內化。想看到最後究竟能不能從中有所得。更重要的是，我也沒想過要輕易放棄。過程中，不眼高手低、不唱高調，只把時間花在「想方設法」，幫自己整出一條生路。後來，我便很擅於在困境或毫無資源的情況之下，去做出一些什麼，最終次次成功，做出時任老闆滿意的成績。職場就是這麼簡單，**試著學習只看「本質」，那將會更有助於自己，抵達想要去的方向**。

好，故事回到安迪身上，讓我們來看他如何在絕望困頓的灰色高牆中，做了些什麼，鑿開自己的希望之光？

在名為無期徒刑的職場中，不輕易被體制化

熟悉我的讀者，一定知道這是我的老生常談了：**不輕易被體制化。**雖然身在體制中，但不要被體制所奴役，要永遠保持獨立思考的意志，讓自己的視野站於高地之上。看得高遠，就不會常陷為職場無謂的日常問題所干擾。

安迪雖被誣陷，就此跟著監獄體制日常作息，從光鮮的白領變成階下囚，

被霸凌、被嘲笑，生活無比艱難，但卻擁有強大的心理素質，他若無其事地，暗地持續為自己想方設法：如果要留下來，要怎麼樣才能生存得更好；如果有一天想離開，能有什麼退場對策？我們要切記，體制關得住的，只有自己的肉身；關不住的，是自身炙熱的意志，而意志能帶你走向更遠的地方。別讓自己為了成為職場中體制化的一分子而存在，而是去思考能透過職場，為你帶來什麼。

試著在體制內，「蓄意」製造一點風險

安迪在牢獄中，除持續暗自思索自身出路之外，其他時間，他看似好像是沒事找事，大膽為獄友爭取勞動後喝冰涼啤酒的福利，言語中蓄意對獄警冒犯，卻實則是想為他節稅。這些，也許都是精心設計。

所謂的製造風險，不是譁眾取寵，或是顛覆體制，而是試著對體制化做些犯險舉措，過程中，也能為自己醞釀更多新的可能性。當然，所有嘗試挑戰體制

的行為，都是風險，沒有相對把握，千萬別輕易嘗試。安迪是寧可做一個有爭議的人，也不做一個形容模糊的人。安迪並不是次次都成功，也曾因為失敗而被痛打或關禁閉，但更多的是，他透過這些舉措，試探職場底線，持續為自己爭取到更多維度，造就了自己，也嘉惠了身邊的人。

在職場中，不是只有獨善其身，在可能的時候，對外在環境做些付出、犯險或犧牲，在某些時刻，它會以不顯於外的形式回饋，以正向回報於你。

當轉捩點或危機真的到了，你是否已有所準備？

職場中，長期深陷體制內的人，通常是危機會比轉捩點早到，然後毫無抵抗之力，當毫無利用價值之時，只能乖乖就範，直接被職場免洗拋棄，從身體狠狠踐踏過去，連說一聲借過都顯得多餘。

危機意識從不是口號，但也不需疑神疑鬼，簡言之，要讓自己的思緒每天處於「營業狀態」。安迪不斷在監獄與生活中各種嘗試與犯險，獲得更多維度的同時；也持續不動聲色地，進行自己的小小石錘越獄鑿壁計劃。直到典獄長殺人滅口，槍殺了能證實安迪是無罪冤獄的犯人，才讓安迪起了覺悟越獄的行動之心。這一刻，過去的所有累積，此刻全都要收割，都要派上用場了，越獄是整個劇情中最大的風險，但因已做好萬全準備，這個風險不能逃避、不得不犯，為的只是不違背自己內心的召喚。

安迪從進到監獄的第一天，發現牆壁材質薄弱足以輕易鑿穿時，他便開始準備了。二十年漫長的不懈積累。最終，得償所望。我們都應像安迪一樣，在職場裡的每一天，為那一刻的到來而準備。

要成為老布、瑞德、還是安迪？我們終能有所選擇

安迪在獄中所際遇結交的這些獄友，就像是職場中各種角色活脫脫的寫實

翻版。

老布魯克坐牢數十餘年，在獄中擔任管理圖書館的角色，每日工作就是推個小推車，巡迴牢房供人借閱。原以為能就這樣在獄中「一輩子安穩」過完餘生。沒想到，竟屆高齡獲得假釋出獄。回歸社會的老布魯克懷揣不安，沒能趕上社會變化的步伐。他不知道會發生的景況，不但從未對自己規劃與設想，連心理準備也沒。如今他竟懷念過去在體制內牢獄生活，雖毫不自由，卻那麼苟且安逸，遺憾的是，體制容納了他，也輕易地拋棄了他。最終，重獲自由的老布魯克，選擇吊死在中途之家的梁柱上，結束一生。

瑞德是安迪在獄中的最佳夥伴獄友，但也因牢獄多年，被體制所馴化；唯一與老布魯克不同的是：瑞德在獄中交好獄吏，做些香菸撲克牌的偷渡小買賣，來鞏固自己小小被需要的價值與地位。他替安迪偷渡了越獄鑿壁小石錘，也為他張羅大幅的美女海報，用來掩貼在鑿出的逃獄窟窿上。但因為漫長的牢獄生涯，瑞德難免還是無法擺脫體制化制約。最後，也與老布魯克面臨一樣的命運：高齡假釋。回到社會上，瑞德一樣無法適應，束手無策。在最絕望的時刻，甚至產生尋短念頭之際，瑞德回想起了與安迪的約定。於是，他決定為自己做一次違背體制的「大膽嘗試」，那就是假釋期間跨洲出境，去實踐與安迪見面的約定。瑞德終於「行動」，為「自己的自由意志」，做了一次選擇。迎向了美麗的芝華塔尼歐，與老友安迪重遇，終究為時不晚。

要成為老布、瑞德、還是安迪？答案我想都已經在讀者心中了，最後，就引用電影中的一句經典對白作為結尾：「讓你難過的事情，有一天，你一定會笑著說出來。」無論過程如何痛苦，我們，一定要讓那一天到來。

職場PUNCH LINE

別為了成為職場中
體制化的
一分子而存在，
要去思考能透過職場，
為你帶來什麼。

PART 4

甩開自疑與徬徨，
熟年更放光芒

Mr. Hockey: The Gordie Howe Story
The Intern
Sully: Miracle on the Hudson
Brad's Status

熟年大補帖

已屆熟年，卻疑惑過的是不是自己想要的人生？

別氣餒、別自哀。

只要還沒發生，代表一切都有可能。

職場中所謂的奇蹟，都是你付諸行動所產生的共伴，

人生不是二分法，有的只是不斷貼近理想！

寫給熟年之後，還在職場拚搏的我們

《冰球之王》（*Mr. Hockey: The Gordie Howe Story*, 2013）

「當你知道自己已用盡全力，你的內心將得到平靜，得以享受生活——不論成敗。」

揣摩與觀察運動員的心路，總能帶給我的職業生涯許多啟發。運動員是一種不可思議、心理素質極強的「生物」。每當哨聲或鳴槍響起，無論大小賽事，他們只得傾力發動本能。勝負往往就是當下之事，高下立判。在他們短暫的運動生涯裡，一次又一次面對「當下輸贏」，他們面對高強度壓力或恐懼的次數，或許超過常人一生許多。

職場不也像一段漫長的生涯賽事？只是到最後才發現——**我們不是與他人對決，而是與自我競逐。**究竟該拿什麼樣的心情，去面對與自處？由真實故事改編的運動員傳記電影《冰球之王》，或許能給你一點啟發。

這部電影劇情講述加拿大傳奇冰球員戈迪．豪（Gordie Howe）於一九七三年賽季的故事。豪是歷史上最偉大的冰球球員之一，有著「冰球先生」的美譽，獲獎無數。

運動員的職業年限與年齡高度相關，隨著年歲增長，體力就會遞減。一九七一年，四十三歲的豪在粉絲簇擁下從底特律紅翼隊風光退役，轉任球隊的管理工作，但他始終無法忘情於球場的榮光。

在退役了兩年之後，他做出一個驚人又瘋狂的決定：加入新組建的世界冰球協會（WHA, World Hockey Association）「休斯頓飛行隊」，重拾戰袍、上場打球。那年，他已「高齡」四十五歲。不僅如此，他的兩個十多歲的兒子馬蒂

（Marty）和馬克（Mark），也繼承了父親天賦，踏上冰球運動員之路，一同入選休斯頓飛行隊。

對，你沒聽錯：父子同隊，同場打球。

這段戲劇化歷程，給豪帶來不少磨難。一方面，他要承受往日球隊的威脅制肘；另一方面，還要面對外人質疑的眼光。這一役如果沒有再創佳績，往日聲譽將毀於一旦。

進入新的球隊後，豪全然地放下身段，與年輕球員一同集訓。兒子在球場上對著他喊父親，豪也告訴他們：「在球場上，我是你們的隊友，你們只能喊我的名字。」為了練出與十多歲年輕球員相當的體力，豪花了更多時間自主訓練，儘管曾因此患上關節炎、骨折、負傷累累，但他始終沒有氣餒，積極地跟上團隊步伐。

此間，曾經在世界冰球聯盟聯賽時，有鬧場人士闖入球場丟下一個寫著背號「9」的老奶奶搖椅（這是當年豪於底特律紅翼隊使用的背號），嘲諷他已經老態龍鍾。

但豪完全不受影響，上場前，他平靜地與隊友說：「我的冰球啟蒙老師告訴我，冰球的第一條規則：**如果你不開心，就沒有必要打球了。**」之後旋即出賽，經歷一番激戰，休斯頓飛行隊拿下當年聯賽冠軍。隔年，豪更獲得該聯盟的最有價值球員獎，高齡四十六歲的他，再次為自己創下巔峰時刻。

至此電影雖然結束，但豪的人生還沒走完。一九七七年，他與兩個兒子轉而投效新英格蘭捕鯨人隊。一九七九年，世界冰球聯盟解散，球隊改名哈特福德捕鯨人隊，整併進國家冰球聯盟（NHL, National Hockey League），此時豪已經屆齡五十一歲。

二十年後的一九九七年，年近七十歲的豪迎來職業生涯的另一個里程碑——他與國際冰球聯盟（IHL, International Hockey League）的底特律吸血者隊簽下單場比賽合約，出場完賽。這使他成為職業冰球史上，唯一一名經歷六個十年（從四〇年代到九〇年代的ＮＨＬ、ＷＨＡ和ＩＨＬ）的球員。

豪的職業生涯，至此才完美落幕。

關於他的故事，教會我們什麼？

四十歲該有的心態：只要還沒發生，代表一切都有可能

豪在風光退役的兩年後決定復出，內心的信念告訴他：這值得冒險。從外人眼裡看起來，這項決定很可能讓他失去更多聲望，但他卻懷抱著「沒有什麼好失去」的意志，不戀棧往日榮光，從戰功彪炳的巔峰將自己急遽歸零，再次緩爬出發。

而與當時的豪同齡、四十歲左右的我輩，多在職涯前半段為了生活在延宕與積累中，不知不覺已慣性趨避風險、保守安穩；當然更多時候是因為家庭責任，所以「被選擇」要待在舒適圈裡；或者已怯於再為自己創造更多可能性，總感覺沒必要。想久了，就裹足不前，日子一天一天過去。

都到了這個年紀，我不是要鼓勵你毫無計劃地去犯險，只是還有可能、有所選擇時，就嘗試為自己、為人生做些會感到值得與驕傲的事吧！你會發現：生活多些轉折之後，那是生命的審視，能讓你心性提升，完整而踏實地貼近自己。就像運動員常要面臨直球對決的時刻，輸贏當然重要，但更重要的是：**輸贏發生前，一切都還有可能，有什麼理由不去嘗試？**

鼓勵追求改變，從來不是一種衝動或謬論。當然，此刻仍有許多人在職業生涯中掙扎拚搏——那你更應該在機會來臨時，不問勝算，勇於讓自己接受挑戰，就像冰球先生從不害怕失去一般，因為說白了，你再也沒有什麼好失去了。所有改變，都是讓更多機會在過程中發生，延伸出更多選擇。

四十歲適合的姿態：輿論聽聽就好，不辯駁、不糾結

再來要面對一個干擾變數，那就是輿論。我們永遠無法管制他人嘴上想說

什麼，甚至更極端地說，**就算不認同，我們也要捍衛別人的發言權**。面對他人評價的最好方式，就是全盤接受，但不是制約地負載、駁倒或糾結，你不需要把這些加諸到自己的人生裡。

有沒有人看好，說到底，也只是一道假議題：難道我們是為了讓別人看好，才去實踐自己的目標？他人看好你，你就絕對會成功嗎？他人不看好你，你就絕對會失敗嗎？

在實踐過程中，我們多少會背負周遭人的一些期許，當然也會有非議，但你能選擇性接受，而非概括承受。我們是行使自我意識而去做的，在潛意識裡，某種程度就是一意孤行去明確自我目標，強化你的心理素質。難不成要人云亦云、隨波逐流？

最終，唯一能影響你的：就是你的選擇與行動。

整件事最終我們是期待看到自己要的結果，而不是淪落周旋在別人的嘴裡。漫長人生裡，毀譽由人，但最終成事在己。

四十歲最佳的狀態：富有經歷，但心態年輕

我感覺：有些人雖已活到中年，但還不夠瞭解自己，甚至顯得渾渾噩噩。因為一路以來，總被現實生活的各方需要拉扯，從未把關注放在自己身上，認真了解自己。然後又執意受縛於過去一些無以名狀的情緒，自我設限。讓生命單純隨著年齡老化，卻深不自知。

豪在第一次復出時，唯一放棄的就是往日榮光，還有身段。身段有時是種隱性絆腳石，只是人從來無法忘情被追捧或讚美——這倒也不算是什麼迷失，只是那種被簇擁的感覺，好像還蠻好的。放下身段不是去迎合討好周遭，而是卸下外界對你過去聲望或毀譽的把持，僅是更真實、客觀地面對自己。

如果你已決定要做些改變，不妨就把每次改變，都當作是統計學裡的獨立事件吧！不受制於年齡或過去的經驗，把它當做一個全新的開始，放空、敞開，看看這個新環境還要再給你什麼。當你一邊擁有相當程度完熟的歷練，心態

卻仍像個年輕人般新鮮，充滿探索未知的動機，這才是我輩的最佳狀態：視野更宏觀，毫無設限。

肉體無法抗拒年歲，但心智可以超脫生理

跟生活糾纏，實在是一件不容易的事，從客觀角度而言，更是一件不消停的事。但要從主觀意識上，從生活體制裡掙脫制約，我輩仍大有可為，而且這也正是打破生活僵局的唯一解方。先從思想改變，再來，就是行動。運動員正是因為其意志如此之強大，所以能驅動著他們走得更遠，並成為他們想要的樣子。因為他們「渴望成為」，並且確實付諸行動了。

職業生涯的旅程之中，我們當然也渴望更多的巔峰時刻，但別忘了追求的過程，本身就是意義；而透過這部電影我們都能看到，豪盡全力讓這一切能發生，讓自己走得更遠。驅動他的絕對不是他人的看好或是看壞，而是自己對自己

的實踐與承諾。

人的肉體雖無法抗拒地隨著年歲衰敗，但心志是超脫於生理而存在的，只要你願意，它總能常保年輕。

這篇寫給四十歲了還在職場拚搏的我們，看看豪的經歷：原來，四十歲，才是真正的開始。

職場PUNCH LINE

最終我們是期待看到自己要的結果，而不是淪落周旋在別人的嘴裡。

變老之前，先變聰明

《高年級實習生》（*The Intern*, 2015）

「做對的事情，永遠沒有錯。」

《高年級實習生》是一部輕鬆又具有深度的都會職場喜劇片，它深入淺出地，演繹了職場當中許多睿智與非語言表達的互動細節，相當地值得琢磨、一看再看。

劇情主要講述一位過去曾任職於電話簿生產公司四十餘年，高齡退休的職業經理人——班。他的退休生活雖好，但或有點安逸失落，他想再次尋回被人需要的感受。在一次偶然機會下，班以高齡實習生的身分應聘，服務於一家新創時裝品牌。班的上司是一位傑出的職場女性，也是該新創時裝品牌創辦人茱兒。

這家企業組織結構相對扁平，少有科層，班的同事們幾乎是二十至三十歲年輕世代。加上時代變遷，網路的即時與便利，讓工作對高齡返崗的班來說是全新體驗。

不過，班沉澱數十年的「職場老派經驗」，卻不因時間迭代而過時，反而越發洗鍊，他以一名「實習生」的身分，為所有職場關係人帶來意想不到的正向幫助。比如從旁協助茱兒善解親子、婚姻關係、公司經營與職涯選擇的困境；協助辦公室年輕夥伴們的職場人際、生活、戀愛問題等等。新派的他們都在班身上找到了老派解答。

這篇文章，不是要談劇中時髦的辦公室、主角的光鮮時裝或辦公室搞笑對白。而是出自於我的好奇：如何能成為像班一樣進退得宜，每次出手都像是行為藝術般優雅的職場禮儀高手？

若要歸因於「薑是老的辣」，我覺得未免有些粗暴、過於簡化。究竟班是怎麼不著跡、次次在非語言溝通的語境中釋放訊息，精準地為自己布局具有存在感的職場人設？

有些心理準備功課是必須先做足的：從自我心態擺正出發。班對職場發出的所有善意並不是「討好」，而是「共好」。一切起心動念，出發點都是為了成就大我（企業）。於是在這個正向前提之下的所作所為，都能獲得相對好的方向發展與反饋。

接著來談：並不是你的主觀善意，外界都能樂意接受。「出於你想要」與「別人真正需要」之間，仍存在著一定的差距。特別是在充滿個人主觀、本位主義的職場環境裡，更要先站在互動方的立場借位思考，才能求取共好事成。在此有三個步驟：**觀察**、**內化**、**溝通**。

觀察環境所釋放的訊息，逐一理解與內化，最後再以借位思考為前提，依照個別需求進行互動，精準而友善地給出並將互動需求達成：「從關係導向出發，以目標導向收尾。」

現在讓我們跟著班，一起解鎖這些「密而不宣」的訣竅。

做一個開「竅」的職業經理人

這裡的「竅」，可以解讀成臺語發音：就是雖不語，但善於體察，而後心領神會的境界，因為老闆與職場，就是一個需要我們去理解的存在。職場禮儀的本事，即是練就「次文化表述」與「非語言訊息」的洞察，把持分際、知所進退，這可都是專業表現之外的關鍵職涯加分項目。

舉例來說：某次班開車外出陪同茱兒開會，見茱兒沒吃午餐，班建議要不要為她買份壽司。這個建議可不是憑空出現的，而是上次在會議室中，班見到茱兒面前擺著壽司，這是班對老闆採集的偏好線索，就這麼派上用場了。

雖然茱兒拒絕了壽司，班仍為她買了一份熱湯。這裡又透露了一個關鍵，那就是老闆說不要的時候，你不是什麼都不做，反而更是要做，即是「備而不用」，而且湯的熱量相對低，午後進食，女性也許較能接受。果然茱兒嘴上說不吃，當打開紙袋一聞到湯的香氣，整個人就瓦解了。第二次班就成功達陣，雖不中亦不遠矣。

除此之外，某次班與茱兒一同出差，而後被邀請至客房內談心。茱兒請班坐到床上聊天，班蓄意地狀似側坐躺，並將單腳垂放至床邊地上以示禮貌，這些都是非常老派卻得體的職場禮儀。如果此時班以為跟老闆已是閨蜜了開始跳蹦床，那失了分際的畫面該有多尷尬。

「竅」有時是**「不吝多問」**：班首次與茱兒面見前，曾隨興地與櫃檯妹貝琪詢問與茱兒對話時該注意什麼，沒想到竟然真問出「與她說話要記得眨眼」這種猜一百次都猜不到的怪癖，也讓班成功避掉無謂的印象失分。

「竅」有時要再加上**「知而不言，言而不論」**：某次班從會議室結束對話後，貝琪興致勃勃打探其與茱兒的對話內容，而班明確地輕巧避而不談。

隨著班與茱兒信任關係日益深厚，他得知她越來越多的事業與家庭隱私，但班始終隻字不提。比如無意之間得知茱兒與丈夫婚變，參與了對茱兒的心理諮商，班都未曾在辦公室透露隻字片語，這都是做為職業經理人需要嚴守的基本道德。想從理解老闆，到獲得他的信任甚至成為其心理支持，不開竅是不行的。

更重要的是，如果該做的分內工作沒做，只是一味給老闆心理支持，那就淪落成討好與奉承，也失去開竅的本意，那是取巧而不可取的。

真正的職場關係，有時是從不被理解開始的

職場上或有一種關係，是從誤解開始的；此時這段關係並不是真正的開始，僅是開始前的「起手式」，而且這十分常見。所謂誤解並不是誤會，而是「信任關係還不被確立」之下，一些不被理解的主觀誤判。

劇情一開始，茱兒因為與母親關係不甚和諧，拙於處理與長者的關係，而對班產生排斥感，她蓄意冷落班、好一陣不派工作。一段時間後，班看似與茱兒建立起和諧的從屬關係，但下一幕，茱兒竟希望把班調離崗位，原因是「太善於觀察」。

太善於觀察體貼也有錯？寫到這裡，有些所謂職場專家就要急著為你獻策，大驚小怪地給你十個妙招小錦囊，叫你提防這種「雙面人腹黑上司」了。我不會給出這種速食結論的，因為茱兒這只是出於自保的條件反射：她覺得彼此尚未建立全然的信任感。

絕對要理解，職場信任關係需經過時間才得以展現。同時，也不要急著給每個關係人貼標籤，特別是上司。因為你若持續往那個認知偏差嚴重傾斜，事情將會越來越朝你所「期望的」不好的狀況去發展。唯一的解方，就是不患得患失；也別出於想生存下來的條件反射，而慌張地去討好任何人，否則你將會永遠失去自己。

就算還沒被看見，也要讓在低谷的每一天都是上升

當身處職場劣勢或環境不友善的時刻，多數人的情緒會指向消極，萌生辭職的念頭。其實，在此之前你還有很多事情是可以嘗試去做、扭轉頹勢的：第一步，在辦公室內「低調而輕快」地放低自己，無論是行為或是心態。此刻強調的不是忙於討好同事，而是從互動中找到自己「生存的支點」。而首先就先試著從友善你的同事開始。

起初茱兒把班晾在一旁時，班並未讓自己閒著。他沒想成群結黨，反而開始主動伸出援手，給予同事工作上的日常協助，幫忙分派東西，給予年輕夥伴經營思路。

班不因自己年紀資深而倚老賣老或擺爛，只是不斷在理解環境與周遭，運用自己的經驗，給出每個人需要而適切的協助。甚至某日還提早進辦公室，收拾了長久以來辦公室中央堆積如山的雜物堆，而這正好是茱兒介懷已久的遺患，班

出手做了沒人想做的辛苦雜事，為自己留下了好的印象。

班不斷為職場做出貢獻，一方面調校自我人物設定。空有一身本領，這些看似為各方打下手的工作，都讓班逐步奠定、清晰了他的職場存在感，直到班被看見，成為茱兒重要的經營幕僚，他仍不改初衷，繼續為團隊付出，帶往提升之路。這就是職業經理人本色：**讓自己在低谷的每一天都是上升**。

職場本質即是追求，永遠保持昂揚的情熱

《高年級實習生》在劇情上給了一個意味深遠的設定。主角班就算過去已擔任位高權重的企業副總裁級別數十年，如今為了爭取到實習生這份工作，還是像個社會新鮮人一樣，慎之重之地，重新學習新的影片拍攝技術；上班第一天的前一個晚上還會緊張地睡不著，甚至想提早起床，充滿了對工作的憧憬與嚮往。

工作真的這麼吸引人嗎？班這麼老了還如此熱愛工作，動機絕對不是金

錢，而是他已領略工作能帶來的價值，是**超越金錢的自我實現**。看到這裡你可能會質疑：如此的劇情出演好像有點理想化，我正想說：正因為理想化，才有追尋的動機與可能，不是嗎？

一個聰明的職業經理人，不應像是一隻騾子，馱負著工作日復一日，反而是要讓工作成為一匹駿馬，駕馭著牠，馳騁奔赴至我們想要的遠方。

永遠對職場保持高昂的情熱與期待，這是班帶給我們的啟發；而**「在變老之前，先變聰明」**，是我寄予這篇文章帶給讀者的訊息。

職場PUNCH LINE

讓工作成為一匹駿馬，
駕馭著牠，
馳騁奔赴至
我們想要的遠方。

領導者是否一流，取決於心理素質

《薩利機長：哈德遜奇蹟》（*Sully: Miracle on the Hudson*, 2016）

「我不是英雄，只是一個試圖把工作做好的凡人。」

二〇〇九年一月十五日，一架全美航空班機A320，原計劃從紐約拉瓜迪亞機場啟程，沒想到起飛後沒多久，爬升過程遭遇雁鳥撞擊並捲入渦輪，竟導致雙引擎熄火，飛機瞬間失去飛行動力。機長薩利（Chesley "Sully" Sullenberger）與副駕駛旋即進行危機處理。在確認無法航返原機場或鄰近機場之後，驚心動魄的兩百零八秒之間，他們做出了讓飛機在僅有兩千八百英呎的低空高度下，緊急在哈德遜河河面降落的驚險決定。最終機上乘客一百五十五人全數安然生還，此事件也被媒體稱為「哈德遜奇蹟」。

《薩利機長：哈德遜奇蹟》即是根據「全美航空一五四九號班機事故」真人實事改編的電影。劇情看似風光，薩利所到之處，全美民眾都擁讚他是心目中的英雄。然而同時，薩利要接受國家運輸安全委員會（NTSB）調查：針對他迫降哈德遜河面的決策，是否有危機處理失當的可能性進行究責，因為NTSB主觀假設薩利能有更兩全其美的解決辦法——航返原機場或迫降鄰近機場，拯救全機旅客，同時保全造價高昂的飛機。

最終，NTSB聽證會上的飛行航空模擬，雖然還了薩利的清白，但仍一度驚險。在現場的飛行航空模擬過程，根據教科書般的緊急應對手冊操作，理論上的確可以安全航返機場的。然而，NTSB卻忽略危機處理時所需的人為反應時間。於是，當他們在之後的飛行航空模擬中，再加上三十秒的反應時間後，劇情大逆轉，飛機最終皆以墜降收場，無論試了一次、兩次結果都一樣。此結果證實了：薩利與其飛行團隊以強大的心理素質與優越的經驗判斷能力，當下做出了在哈德遜河水面降落的正確決策，成功化解危難。

停職接受調查期間，薩利像患上創傷症候群一般，午夜夢迴間不斷在夢境裡一再檢視那失事前的兩百零八秒，不斷往內心的內陸探索。受人愛戴的英雄是他、遭受調查失職者也是他，面對著各方壓力與揣測，他始終內心交戰，自我質疑。劇情中，薩利不斷面臨各種恐懼交關時刻：墜機前的巨大恐懼、深夜裡創傷不斷回放的恐懼、家庭生計斷炊的恐懼、媒體渲染質疑的恐懼、聽證會質詢的恐懼。

薩利精神歷程的演繹，動魄、鮮明而真實；我們都想知道：最終是什麼引領著他度過這一切？

身處在交織於人事物的職場中，也許是上司、也許是同事，也可能是部屬。我們日日在毀譽之間前進，小心翼翼。各種壓力與問題從四面八方而來，幾乎無從閃避；好事不常來，壞事卻從不消停。每當面臨無法掌握的未知時，不安與恐懼就會伴隨而現。恐懼，是因為你首先制約自己，然後按照別人設定的劇本走。你沒有思想自主與對策。

不如我們先試問：為何要恐懼？同時，倒也不是當我們意識到恐懼，就能不再恐懼。對於面對恐懼的積極性意義，反而除了領受之外，我們能做的：是**「馴馭」**。心理素質越強大，越能有本錢，與恐懼直球對決。「視恐懼於無物」，它將不會影響你對於事物應有的判斷，一如薩利一樣。

是的，我們終將意識到：心理素質，是所有答案背後指向的真正答案。強大的心理素質，不是天生（那是愚勇）或一覺睡醒就能養成（那是痴心妄想），心理素質是伴隨著人生的不斷歷練，有所鍛鍊而來。同時，那必會是痛苦的過程。

也許正在看著這篇文章的你，正遭遇職場上某種挫折與恐懼，當你覺得心理壓力已大到不行，此刻不妨先自問：「我為何一定要接受、照這套恐嚇劇本走？」

答案只有一個：原來，**所有的恐懼，都是害怕失去。**你越是害怕失去而虛應委實，所有事情的發展，越將加劇事與願違。更甚者，心理素質是一種恐怖平衡，比的是看你與對方對峙時，誰先撐不住。

想訓練起強大的心理素質，「先學習與恐懼共處，再視恐懼於無物」是唯一解方。我知道這很難，但你必須有個開始。現在，讓我們跟隨著薩利的心路，看他如何與恐懼共處、對峙並跨越。同時學習搭建自我心理素質的軌跡，一起對自己發動一場靈魂謫問。

該害怕地閉上眼，還是眼睜睜清醒望著？

活在世上，我們必須接受所有客觀事實的存在，恐懼如是。

接受停職調查期間，薩利清晰地面對恐懼與壓力，沒有選擇自我設限或坐困愁城；為了不讓自己向負面情緒過度傾斜，薩利選擇拉動其他狀態來平衡。恐懼是既定事實，但薩利並未用唯一一種負面情緒去面對所有狀況，他選擇在不同場景，恰如其分地適當表達情緒，撐起生活的厚度。

當鎂光燈需要全民英雄時，薩利一派談笑風生；當家庭需要支持時，薩利一肩承擔起安撫責任；當面對困境時，薩利選擇與部屬相互鼓勵支持。最後，當回到一個人的獨處時刻，薩利僅把恐懼留給自己消化，或在車水馬龍美麗迷離的紐約都會夜跑，或與年輕時的自己對話。

就像年輕時薩利的飛行教官告訴他的，「無論遇到任何情況，都要努力操縱飛機」，積極維持生活的常態，就算不能飛得出色，至少飛得平穩，總是面對恐懼的至上法則。

在攸關時刻，薩利沒有將負面情緒甩向所有人，任由恐懼或挫折讓生活全面崩解、一瀉千里，打亂自我步調。就算最終只剩這一個選項，都不應該選擇。薩利撐起所有關係，維持生活的常態與不動聲色，若無其事，他的心理素質都在這其中悄然養成完熟，這個行為是充滿無比意義與價值的。

就眼睜睜地清醒望著，去面對、去看這一切在眼前流轉。萬般之中，將越來越明晰。切記，若無其事，清醒面對。**就算恐懼不會消失，也別讓它有機會威脅到你。**

面對恐懼時，身邊職場角色該如何運籌？

當面臨恐懼時，那些來自四面八方的壓力夾雜著對你發出的情緒，同一時間朝向你襲來，該如何做好自身心身狀態的平衡，給予正確的應對，絕對是首要把持的。

職場中，身邊的人際關係都是干擾變因：上司、同事、部屬、其他非直接關係的職場關係人。當狀況來到你面前時，首先要清晰地梳理每種關係，再解離成不同狀態；如此便能在同一時間，面對不同的狀態，讓自己適切地給出每一個「對」的情緒與回應。

這裡說的「對」不是「絕對」的正確答案，而是「相對」：什麼場合，就給出該有的回應。要在他人面前或局勢險峻的情況下，展現自己強大的情商，首先就要將自己的狀態「運籌」起來，不被拉扯，讓周遭的每一事物，都能經過你理性的梳理而馴化，如此你將能掌握全局，降低干擾，全心消弭恐懼。

舉例而言：薩利在背負著恐懼的壓力之餘，在聽證會質詢時狀態不卑不亢，情緒穩定，就專業本位論事。這就像與上司的對峙一樣：沉著冷靜、條條敘述，直到達成溝通目的，去情緒化。這是你在職場中必須面對的挑戰，你完全沒有迴避的空間與機會，唯有用專注且低濃度的情緒去面對與解決。

當面臨那些媒體或民眾的盛讚美譽，薩利接收了，卻沒過度傾斜，心態上他選擇保留。當人遭遇恐懼時，心理狀態易於向能感到溫情奧援的那端傾斜。然而當你在職場中遇到困境，那些比鄰你的同事們，對你做再多的安慰輸送，坦言之，那都無濟於困境。獲得支持有時不是壞事，但如果慣於耽溺，還不如選擇不聽，因為有時過度接受同事毫無根據的臆測，反而會干擾你的判斷。所以那些話語聽聽就好，**不聽最好**。

而遇到困境在面對下屬時，心態上你唯有一肩扛起，無從膽怯也無法逃避。此刻你的心理狀態，將是團隊士氣鼓舞與否的重要依據。劇中一路陪著薩利的副機長，便展現了高度穩定的心理狀態，無論是在情緒上或行動上，始終追隨與支持著薩利。

而薩利面對困境，對外所表現出來的精神狀態，更是要宏觀與高大，這就是做為一個團隊主管的氣度：絕對得要凌越團隊所有人，就算是心有恐懼，裝，也要裝出來。這樣的狀態絕非虛張聲勢，而是持續挑戰、擴張、壯大自身膽識的限界。若非於此，當團隊成員看到主管遇到困難卻展現手足無措、驚慌的樣子，局面就玩不下去了，成員心理支持將頓失所依。

好好把持自身的心理素質，再有效地對職場運籌，就算客觀事實無法改變，但若是在主觀意識上你能役於所有狀況之上，將能有效降低你的不安與恐懼。更重要的是：恐懼會無端放大自身不安的處境，其實有時他人根本沒時間搭理你，沒這麼多被害妄想。

在這痛苦的過程中，我究竟要獲得什麼？

職場中，常常見到有些人一遭遇困難，沒多久便嚷著想要放棄，或覺得自己已撐夠久了，著急於將自己的辛勞「變現」。想法沒錯，但想得太美。職業生涯就像挖礦一樣，當還沒挖到礦脈時，那些清土工作的辛苦，換不了幾個錢，但一定會搞得自己灰頭土臉；然而沒有這些歷程的累積，你絕對無法觸及到最有價值的部分。過程中一定是多有痛苦，必須經歷。

職場勝負有時不是看當下，而是職業生涯長期下來，最終脈絡成什麼樣的軌跡，而它的基調是砥礪。如果職場中的恐懼或痛苦是常態，想來，也就不足為奇，怎麼發生或是無論它想不想發生，你都僅是若無其事地去面對，不會對你的情緒產生撞擊。

劇中薩利面對問題的過程當中，他想的永遠不是「下一步的結果會如何」，而是「如何把當下做好」，敦敦實實的。有膽怯、有恐懼，但沒有情緒。此刻唯一能掌握的，就是當下與付諸行動。他知道：這些過程一定會發生。就像劇中，薩利曾經憶起自己年輕、還是飛行學校的學生時，老師告訴他：「無論任何情況，一定要把飛機開好。」薩利也說：「我不喜歡無法控制的感覺——我想找回原來的我。」這一切都是力求爭取、把持自我，最好的表述。

當面臨職場困境或某個棘手、無理的工作任務，我想告訴你的是：長期來看，要以「延遲滿足」為基礎，當下「視恐懼於無物」，耐心且全力以赴，最後再習得「得失不由我」。職場中發生的恐懼，有時泰半是害怕失去。但這次，就當做先別管失去了，我們將重點放在想著怎麼「跨越」。當能夠學會跨越，結果都已不再重要，因為過程已讓你充分成長。

所謂「跨越」的最大意義是：少輸就是贏，得幸的話，我們下次全拿。如果這次沒有跨越，就不會有下次了，是嗎？拿下這次的心理素質分數，下次，勝出機會越高。職場中心態必須義無反顧，但行為上可別孤注一擲，過了這關，才會有下一次。這次如果失敗了，對心理素質毫無減損，就繼續前進，無論是在現在這個職場，或是下一個。讓自己**在痛苦之中不躁進，那就是淬鍊**，而淬鍊必得成長。

那麼，究竟要讓自己在這痛苦的挖礦過程中獲得什麼？答案很簡單，就是希望能觸及到含金量超高的礦脈。當那個時刻到來，不會是轟轟烈烈，而是平靜的水到渠成。

這世上英雄到底存不存在？到底有沒有奇蹟？

最後當危機度過，薩利毫無自滿，卻僅是謙虛地說：「這一切不只我的功勞，還包括我的副機長、客艙的機組人員，以及紐約市許多優秀的救援團隊才能夠成就這件事情。」薩利是大家的英雄。

這世上英雄到底存不存在？這問題乍聽之下很通俗，但放到實際生活當中，卻演繹出深刻寓意。對我而言：英雄是在每一次持續的危機面對過程，不斷放大自己的膽識之中形塑而成的。薩利從不是要以「為了成為他人的英雄」為目標而行事，而是當他遭遇各種問題，持續無懼面對，持續放大格局，形成別人口中的英雄。而他依舊是他。

也許我們都曾想像過：當職場中的成功來臨時，可能會像彩券開獎一樣，號碼全中歡欣雀躍，生命就此有所轉折——那是偶發的奇蹟。然而當在職場中一路經歷後，思緒益發清晰，你便會明白：**職場中所謂的奇蹟，是因為你發動了行為，付諸了行動過程中所產生的共伴。**我想告訴你：職場中有沒有奇蹟？有的。只要相信當下行動的自己，就會發生。奇蹟來得無形又平淡，只待你日後過境千帆追悟，方能意會。

職場PUNCH LINE

心理素質，
是所有答案背後
指向的真正答案。
伴隨著人生的不斷歷練，
所鍛鍊而來。

這不是自己想要的人生？別怕覺醒得太晚

《人生剩利組》（*Brad's Status*, 2017）

「你根本不必在乎別人對你的看法，每個人在乎的都只有自己。」

不知曾幾何時：人生初始的原廠設定，是從與他人比較所開始的。打從一出生，家庭、生活與職場，一路比到掛，大抵上都圍著豪車、華服、名聲與財富成就等物質生活展開競賽。即便走過不同的年齡階段，唯一不變的就是攀比不斷，陰魂不散。

有人說：沒辦法，這就是社會，有人就會有比較。此話聽來，總像無可奈何的被動語態。有趣的是，我們也從沒聽說誰會跟誰比：一年讀過多少本書、巧遇過多少次雨後彩虹，或親眼目睹蝴蝶羽化瞬間的次數。常人似乎沒法從這類攀比獲得優越感，到頭來，只能陷入圍繞著物質的迷失之中打轉。

要如何破解比較心態？其實很簡單，就是將注意力放回自己身上，為自己盤算，忠於自己的選擇，為此付諸行動，為最後的結果負責。這些都與他人無關，因為這是你的人生。

我常感覺：如能越早去思考這個人生問題，心態導正了，就不會在未來形成一個問題來困擾你。

電影《人生剩利組》的主角布萊德，是一名已婚、五十歲的NGO創辦人，他有一個即將申請大學入學面試、具有音樂天賦的兒子，伴侶則是一名平凡的公務員，這一家三口的小康生活，看似歲月靜好。然而已經年屆中年的布萊德，看著身邊事業有成、比他富足闊綽、飛黃騰達的同齡朋友，開始質疑起自己所選擇的生活。

他開始受困於比較後產生的自我否定，終日消極卻也無能為力。總想像：如果過上了這些發達好友們的生活，是不是就能揮別現在的不快樂？

電影中，布萊德的兒子錯過了心儀大學的面試，他只好硬著頭皮，求助於其中一名身分顯赫的友人，想透過關係再次安排面試。這次與好友聯繫，使布萊德重新理解到他們的真實生活，原本以為這些好友隨著發達而無憂無慮，沒想到真實生活中也有許多痛苦與困境。

原來布萊德對自我人生的解讀，都來自與周邊朋友生活的對比，再透過自己毫無根據的想像去描繪。雖然這些想像隨著瞭解而開解，但他接下來的人生，又該如何面對？

我認為這是一部透過輕鬆詼諧表面所掩護的恐怖電影——如果人到了五十歲，才意識到這個問題，是否為時已晚？我們又能夠從布萊德的狀況中，得到哪些反思？

讓思想從庸碌攀比中開脫，確立自己的信念

現實生活中有許多像是「布萊德」的人，總透過與周遭的人比較，「意識」到自己的物質困境，但並未覺醒，不知該如何行動，於是就只有受苦的份。

具體而言，要如何做到覺醒？首先，理解自身的稟賦與資源，大方向確立，並專注於人生的每個階段中取得一定成果，逐漸彙聚、往理想的自己邁進。這件事可透過職涯來實現，在職涯取得成功的人，生涯通常不會太差，至少是物質生活上。以及，成功人士的故事絕對可以參照，但模仿不來，也沒有必要。每個人擁有的資源與稟賦都大不相同，對成功的定義也不盡相同，所以回到本次文章主題，比較心態是毫無依據與意義的。

覺醒不是一覺睡醒就能悟到的，而是漫長人生中，透過不斷的思想鍛煉，並與自己一再校對、確認，最終形成了自己的信念與價值觀，並且實踐而得。有了覺醒，代表清晰了自身的信念，就不會輕易從眾。

找到自己想要的模樣，付出行動、忠於選擇

布萊德從未真正意識到，是因為自己對於人生理解與價值觀的不對稱，才使他做出了這樣一連串的決定：包含過度理想主義、保守而自封。思想與行動不一致，導致他所相信的價值觀，帶往不了他心目中那種成功的想像，他渴望精彩的物質生活，但職業選擇卻與理想目標完全悖離，於是始終在質疑信念的搖擺之中痛苦。

所謂絕對的自我認知，就是**在行動與做出選擇之前，確立自身的起心動念**。由絕對的自我意志所行使的一切行為，無涉於他人。看看布萊德身邊顯赫的好友們：好萊塢導演、政治家兼暢銷書作家、科技企業家、避險基金公司創辦人。他們戮力貫徹自己的信念與追尋，幫助他們成為了自身想要的樣子，財富最終也就伴隨而來。追求財富或許是動機，但成就也絕非以財富來衡量。每個人在社會上，先天與後天的資源稟賦各不相同，如果你對生活有期許，追求的過程，

本身就是一種意義與價值，絕對好過布萊德終日憧憬與作夢，一味保守，卻毫無行動。確立自己的信念，就算偏執與一意孤行，那都是形塑自身存在的真義。

你為忌妒而生氣時，別人正專注為自己努力

布萊德所過的生活，本身沒有任何問題，有問題的是布萊德對自我的否定。他對好友懷揣的各種忌妒，占據自己的心，卻不知道別人都在專注面對自己生活的問題與挑戰，沒有人有空去搭理誰。與其花時間去忌妒別人，不如為追求自己的理想人生付諸行動。周遭朋友財富多寡，真的與你無關，也從無涉尊卑，一切都是心理作祟，毫無必要。

總歸來說：自己的人生，根本無須透過與他人比較來實現，從來只與自身的「選擇」有關。人生一路，生涯與職涯，大抵上是螺旋相伴的姿態而存在，都是為某一種角色服務：由你自己所選擇的角色。然後最終，看你自己「認不

認」而已，人生就這麼簡單。

人生不是二分法，有的只是不斷貼近理想

如果到了五十歲才意識到：這不是自己要的人生，是否為時已晚？我想說的是，何時開始，都為時不晚。人生其實不存在二分法，並非不要A人生，想要B人生這麼簡單，自己的人生到底是怎麼一回事，只能不斷從生活細節中去論證，讓自己與理想中的自己貼近，再更加貼近。

你可以選擇安於現狀，或者奮起改變。想成為什麼角色，就去選擇那個角色，並且扮演好那個角色該有的樣子，想清楚，弄明白，去做，其他沒有了。

職場PUNCH LINE

自己的人生，無須透過與他人比較來實現，那從來只與自身的「選擇」有關。

國家圖書館出版品預行編目(CIP)資料

職場這齣戲,演好自己就夠了？：那些惱人的,終將是襯托你的背後景深,如何從庸碌攀比中開脫,做個懂賺錢的自由人？/ 張力中作. -- 二版. -- 新北市：方舟文化, 遠足文化事業股份有限公司, 2024.07
面；　公分. --（職場方舟；4023）

ISBN 978-626-7442-37-1（平裝）

1.CST: 職場成功法

494.35　　　　113006693

職場方舟4023

職場這齣戲，演好自己就夠了？【熱銷經典版】

那些惱人的，終將是襯托你的背後景深，如何從庸碌攀比中開脫，
做個懂賺錢的自由人？

作　　者　張力中
封面設計　萬勝安
內文設計　薛美惠
資深主編　林雋昀
行銷經理　許文薰
總 編 輯　林淑雯

出版者　方舟文化／遠足文化事業股份有限公司
發行　遠足文化事業股份有限公司（讀書共和國出版集團）
231新北市新店區民權路108-2號9樓
電話：（02）2218-1417
傳真：（02）8667-1851
劃撥帳號：19504465　戶名：遠足文化事業股份有限公司
客服專線：0800-221-029　E-MAIL：service@bookrep.com.tw
網站　www.bookrep.com.tw
印製　東豪印刷事業有限公司　電話：（02）8954-1275
法律顧問　華洋法律事務所　蘇文生律師
定價　380元
初版一刷　2023年08月
二版一刷　2024年07月
ISBN　978-626-7442-37-1 書號 0ACA4023

方舟文化官方網站　方舟文化讀者回函
